教育部社科基金规划项目《喜马拉雅地区藏传佛教建筑艺术》2007 年

教育部留学回国人员科研启动基金《喜马拉雅地区藏传佛教建筑分布及艺术特色研究》2007 年

高校社科文库
University Social Science Series

教育部高等学校
社会科学发展研究中心

喜马拉雅建筑艺术系列之一

汇集高校哲学社会科学优秀原创学术成果
搭建高校哲学社会科学学术著作出版平台
探索高校哲学社会科学专著出版的新模式
扩大高校哲学社会科学学科科研成果的影响力

加德满都的孔雀窗
——尼泊尔传统建筑

周晶
李天 /著

Himalayan Architecture Art Series
The Peacook Window of Kathmandu
Traditional Architecture of Nepal

光明日报出版社

图书在版编目（CIP）数据

加德满都的孔雀窗：尼泊尔传统建筑 / 周晶，李天著．－－北京：光明日报出版社，2011.1（2024.6重印）

（高校社科文库）

ISBN 978－7－5112－0616－9

Ⅰ.①加… Ⅱ.①周… ②李… Ⅲ.①古建筑—建筑艺术—尼泊尔 Ⅳ.①TU-093.55

中国版本图书馆 CIP 数据核字（2010）第 255423 号

加德满都的孔雀窗：尼泊尔传统建筑

JIADEMANDU DE KONGQUECHUANG：NIBOER CHUANTONG JIANZHU

著　者：周　晶 李　天

责任编辑：刘书永　宋　悦　　　责任校对：李剑楠　梁　潇

封面设计：小宝工作室　　　　　责任印制：曹　净

出版发行：光明日报出版社

地　　址：北京市西城区永安路 106 号，100050

电　　话：010-63169890（咨询），010-63131930（邮购）

传　　真：010-63131930

网　　址：http：//book.gmw.cn

E－mail：gmrbcbs@gmw.cn

法律顾问：北京市兰台律师事务所龚柳方律师

印　　刷：三河市华东印刷有限公司

装　　订：三河市华东印刷有限公司

本书如有破损、缺页、装订错误，请与本社联系调换，电话：010-63131930

开　　本：165mm×230mm

字　　数：256 千字　　　　　　印　　张：14.25

版　　次：2011 年 4 月第 1 版　　印　　次：2024 年 6 月第 3 次印刷

书　　号：ISBN 978－7－5112－0616－9－01

定　　价：68.00 元

自 序

尼泊尔，对多数国人来说，是一个既遥远又亲切、既熟悉又陌生的神秘国度。说她遥远，是因为她处在世界屋脊的那一头，我们需要跨越喜马拉雅山才能到达那里；说她亲切，是因为她是西藏的近邻，从樟木口岸一脚踏出去，祖国就留在了身后。另外，著名的藏王松赞干布的妃子之中，其中一个便是来自尼泊尔的赤尊公主，她的塑像至今还供奉在拉萨大昭寺中，与唐朝的文成公主一起，列在松赞干布左右，共同接受信徒们的膜拜。说到对尼泊尔的熟悉，因为她是佛陀的故乡。每一个接受过中学教育的中国人都知道，大约在 2500 年之前，佛祖释迦牟尼，一位也称乔达摩·悉达多的太子，出生在迦毗罗卫国，其父是净饭王，那里必定是盛产稻米的国度。其母摩诃摩耶夫人在蓝毗尼园的一棵娑罗树下，从右肋之下生下了这个世界伟人；至于对尼泊尔的陌生，普通人对尼泊尔的了解，除了知道她是佛陀诞生地，其他可能一无所知。

想起我第一次对尼泊尔产生兴趣，却不是因为佛陀，而是因为尼泊尔的佛塔，这也许就是与尼泊尔传统建筑的缘分吧。记得小时候在北京第一次看到北海的白塔，觉得它并不美丽，因为歌中一直唱"水面倒映着美丽的白塔，四周环绕着绿树红墙"。绿树红墙是有的，只是白塔的大肚子并不招人喜欢。相比之下，西安的大雁塔、小雁塔要秀气很多。过了多少年之后，又见过了北京妙应寺白塔、五台山塔院寺白塔，了解到这些形制独特的塔都与一个叫阿尼哥的尼泊尔人有关。这些都是他在中国建造的尼泊尔式佛塔，这种塔的形制是在元朝时传入中国的。又过了很多年之后，我误打误撞地涉足了藏学，对喜马拉雅地区的藏传佛教建筑艺术产生了浓厚兴趣，开始系统了解喜马拉雅藏传佛教文化圈内的建筑文化与艺术。那扇一直关闭，但后面一直隐藏着好奇心的大门敞开了，一个隐藏在喜马拉雅山谷之中的神秘世界呈现在我的眼前：高耸的印度教塔式神庙、随处可见的湿婆陵伽、毗湿奴与象头神雕像、阳光下金光熠熠的金门、红砖墙上紫檀雕刻的孔雀窗、窣堵坡上佛陀的智慧眼……。一切都与我想象中的尼泊尔大相径庭。虽然在前往尼泊尔之前我自认为做足了功课,但真正置身于谷地的任何一座"杜巴"广场上,环顾王宫建筑上雕刻华丽的中央大窗,仰视耸立于多层高台之上的五重檐塔式神庙,那种美绝对令人窒息。

虽然不是佛教徒,但我相信每一个去往蓝毗尼的人都是带着朝圣的心前往的。那辆起码有20年车龄的丰田卡罗拉载着我们沿着喜马拉雅高山河谷颠簸了7个小时之后,眼前出现了佛陀在2500年之前曾经徘徊与徜徉其间的特莱平原,印度人称之为恒河平原。浓密的热带树木与绿毯般的草地中间闲散地游走着白色的牛与褐色的羊,身着鲜艳莎丽的女子衣带飘飘腰挽水罐袅娜而去,令人有时空穿梭之感。这依然是佛陀生活与流连过的那片土地吗?哪里才是曾经给予佛陀感悟与启示的王城呢?踏进蓝毗尼园、瞻仰摩耶夫人神庙、膜拜佛陀的足印、眼见传说由伟大的阿育王竖立的记功柱,一个真实的尼泊尔渐渐在我的头脑中变得立体与生动。

在一场猛烈的风雨过后,夕阳将淡紫色的余晖投射在摩耶夫人曾经沐浴过的水池之中,一个野心也在我心中渐渐成型。原本以为尼泊尔只不过是我喜马拉雅建筑之旅的起点,却发现自己的心其实期望在这里停靠的长久一点。

在尼泊尔的短暂停留期间,我试图尽可能搜寻所有关于尼泊尔传统建筑的书籍和资料,可惜这方面的英文资料少的可怜,尼瓦尔文字对于我来说又像天书一样,幸好找到了几本印度出版的英文图书,其中涉及最多的当然是印度教神庙建筑。至于尼泊尔其他建筑类型,比如宫殿与尼泊尔民居建筑的资料依然很少,但这些也并没有太多打击我对尼泊尔传统建筑的热情。从此,尼泊尔传统建筑不再只是我对喜马拉雅地区藏传佛教建筑艺术研究中的一环,也不仅作为课题研究的副产品。

是尼泊尔建筑之美,促使我迫不及待地向国人介绍与展示,为的是让更多人了解这个神秘山国建筑艺术的独特魅力。

这本书是在资料缺乏的状态下完成的,所涉及的内容称不上全面,叙述的方式也可能不够专业,更谈不上有深入研究。我只是想为好奇者打开一扇窗户,恰如巴德岗的那扇有300年历史的孔雀窗,绝对的精美绝伦,却因为隐藏于背街小巷,尚不为国人所知。

2010年6月

附　笔

　　书中的手绘图由李天参考相关图片与书籍绘制，照片均由李旭祥先生以及作者自摄。

CONTENTS 目 录

前 言

在喜马拉雅山南坡的山脚之下，有一个古老而神秘的国度——尼泊尔。这个古老国家的发源地，便是加德满都谷地。久远的传说告诉我们，尼泊尔谷地原本是一个名为"纳加哈达"即"蛇湖"的泽国，周围群山环绕，杳无人迹，大蛇纳加栖居湖中。原始佛陀受大梵天启示来到这里，在湖中播种下一颗莲子。6个月之后，湖面上开出了一朵光芒四射的千瓣莲花。在黑暗的湖水中，莲花散发出自在智慧圣洁的光芒，这是大梵天的光辉。远在中国五台山修行的文殊菩萨来到这里，他先用十万朵香花参拜了梵天，向梵天祈祷之后，就挥动手中利剑，劈开了湖泊南面的山峰，湖水顿时从山间的豁口向南奔流而去，湖中大蛇纳加也随水远去。经过四天四夜，湖水泄干了，露出了肥沃的土壤。文殊菩萨在这片宝剑形的谷地上建起一座城，命名为"文殊帕坦"。经过岁月更迭，一位名为尼·穆尼的圣人逐渐使谷地兴旺起来，取其地名为"尼泊尔"。在尼瓦尔语中，"尼"是圣人的名字，"泊尔"的意思为"养育"。尼泊尔，意思就是"圣人尼养育的地方"。

后来，僧人在自在莲花生长的地方修建了一座窣堵坡，在塔顶安装了一个高耸入云的镀金相轮。直到今天，这座窣堵坡的宝顶依然放射着神圣的光芒，普照着整个谷地。这就是屹立于加德满都西面小山之上的斯瓦扬布纳特佛塔，是自在智慧莲花的所在地，也是尼泊尔最神圣的佛教圣地。佛教徒认为，加德满都市的形状像是文殊的利剑，临近的城市帕坦像是文殊的轮宝，再远一点的巴德岗则是文殊的海螺。

考古学证据表明，加德满都谷地在史前就已经有人类活动的遗迹，存在人类建立的居民点，并具有复杂的社会系统，甚至存在佛陀当时深恶痛绝的种姓制度。近代文献显示，很久以前，尼泊尔与印度之间就发展起了完善的贸易道路，羊毛、宝石、以及各种矿产经常往来其间。而尼泊尔历史上几个王朝的统治者，也多为来自印度的王族。

我们知道，尼泊尔是佛陀的故乡，2500 多年以前，佛陀诞生在一个叫蓝毗尼的地方。这个树木扶疏的园子位于尼泊尔南部特莱平原，与印度的恒河平原连为一体。但佛陀一生的大部分时光是在印度度过的，他在菩提迦叶得道，在鹿野苑弘法，在拘尸那迦圆寂。尼泊尔与佛陀的最紧密联系，除了这里是人类历史上最伟大人物的诞生地之外，还流传着佛陀曾经在加德满都谷地停留三年的故事。虽然无可考证，但谷地至今留存的窣堵坡，被认为是佛陀莅临的见证。

加德满都谷地还与历史上弘扬佛法的第一位帝王有关。公元前 3 世纪，印度孔雀王朝的国王阿育王皈依佛教，并以佛教为印度国教。他敕令在全国修建了 84000 座奉祀佛骨的舍利塔，并亲自到各地去朝礼佛陀的圣迹、派遣僧团到临近各国弘扬佛法，还在名胜地方的大山石崖上、道路两旁兴建石柱，在上面刻上佛的教诲，以使大众都能领受到佛的智慧。在蓝毗尼园，至今还有阿育王亲自竖立的纪念柱。据说他还将自己的一个女儿嫁给了尼泊尔王国的一位王子，并派遣僧团在尼泊尔传教，使得佛教信仰在尼泊尔传播开来。

有研究者认为，加德满都谷地文化的独特性主要依赖于其地理环境的对外隔绝。加德满都谷地位于海拔 1200 ～ 1500 米的山谷盆地中，喜马拉雅山脉在它的北面，摩诃巴拉塔峰在它的南侧，邦哥马蒂河作为谷地的命脉穿城而过，为谷地输送无尽的养料，也维持了这个袖珍王国多少个世纪的繁荣与文明。加德满都谷地面积不大，只有 570 平方公里左右。假如想顺着谷地的转经路线步行一周，也只需要一天时间。也许正是因为地理上的隔绝，这个国家幸运地躲过了西方殖民统治，也没有受到持续的外部侵扰，可以像圣洁的莲花那样以原生的状态生长。就在这朵巨大的圣洁莲花曼陀罗之上，谷地逐渐形成了数个朝圣中心，千百年来一直吸引着无数印度教与佛教信徒。

为了便于读者在随后的章节中了解尼泊尔传统建筑艺术的来龙去脉，我们有必要将谷地的基本情况作为背景知识简要的介绍。

一、尼泊尔地理概况

尼泊尔位于喜马拉雅山脉中段的南麓，南亚次大陆的北部，是一个几乎与世界上其他国家隔绝的内陆山国。这个国家地形狭长，东西长约 885 公里，南北平均宽度 225 公里，最宽处 241 公里，最窄处只有 145 公里，国土总面积为 147,181 平方公里，大体上是一个长方形。尼泊尔地处中国和印度两个大国之间，北部与中国的西藏接壤，两国的边界总长有 1100 公里；尼泊尔东北部与锡金和印度的大吉岭相毗邻；在东南、南以及西面分别与印度的孟加拉邦、比哈尔邦和北方邦相连。尼泊尔全国土地面积中，有3/4是山地和丘陵，其余的1/4是河谷平原。因为境内高山雄奇，河谷柔美，景色秀丽，西方人称之为"东方瑞士"。

尼泊尔政区图

如果以自然地理划分，尼泊尔大体可以分为三个自然区域：北部高山区、中部山区和南部平原。尼泊尔北部地区海拔多在3660米以上，占全国国土面积的19%。这里地势高亢，气候严寒，终年白雪纷飞，人烟稀少，是世界上著名的最高山峰齐集地。位于中尼边界的世界第一高度珠穆朗玛峰在尼泊尔被称为萨迦玛塔峰。在尼泊尔语中，"萨迦"的意思是"天"，"玛塔"的意思是"头顶"。世界第二高峰，是位于尼锡边境上的干城章嘉峰，高度为8586米；其他超过8000米的高峰还有中尼边界上的洛次峰（8516米）；中尼边界上的马卡璐峰（8470米）；道拉吉里峰（8172米），马斯鲁峰（8157米）；卓奥友峰（8153米）以及安纳普尔峰（8091米）等。其境内还有超过50座海拔在7600米以上的高山，使得尼泊尔成为世界登山爱好者圣地。

尼泊尔群山

　　因为空气稀薄，气候干燥，植被稀疏，北部山区居民点很少，居民主要是自称"东方人"的夏尔巴人。他们以放牧为生，农作物只有玉米和土豆。虽然有高山深壑的阻隔，交通极为不便，但在中尼长达1100余公里的共同边界上，历史上曾经有20多个作为通道的山口，其中的重要山口有科达里山口、拉苏瓦山口、拉卡山口、波底山口、兰巴山口和平都山口等。科达里山口和拉苏瓦山口也是目前中尼两国通商的主要通道。科达里山口位于加德满都东北方向约126公里的地方，著名的阿尼哥公路在这里将加德满都与西藏的聂拉木连接起来；拉苏瓦山口在加德满都正北方，这里的山口比较平坦，终年没有积雪，距离加德满都只有60公里，是连接西藏吉隆口岸的捷径。

　　晚清时期的《西藏新志》中，详细记录了从加德满都到扎什伦布寺的驿站：加德满都——利斯赤盘萨——聂拉木——拉兰拉——定日——哥克阿尔——萨迦——什穆兰——扎什伦布。书中这样描写从加德满都到扎什伦布的行程"……从利斯赤盘萨至聂拉木间道路，沿布扎哥什河之右岸而行。行径虽不过25里，据旅行者云，横断此河，前后需15次，其中渡铁桥者3次，渡木桥者12次，其短者有24步，长者至60步。河水有贯流岩洞之间者，此处两岸相密接，只以24步之木桥横贯其间，地势险峻，实有不堪名状者。铁桥颇坚劳，特其构造粗恶而。其法凿开岩石而嵌入，亦不甚险。其幅一尺八寸，最狭隘之处仅有9寸，长约258尺，其侧面或有嵯峨之岩礁，或断崖绝壁，而岸高约 1500 尺。桥下之碧流滚滚而过，奔流电激搏石触岸，水势轰轰，殊足惊人耳目。山路之险恶，洵为绝无而仅有，此间驮马犀牛亦难通行。旅人至此，仅籍羊背运搬行李，甚多不便。又有一间道，其险恶与前向捋。"①

尼泊尔中部山区海拔多在 1525 到 3660 米之间，占国土面积的 64%。相对低矮的山地之间点缀着众多河谷与山间盆地。这里气候宜人，雨量充沛，人口较为密集。因为土壤肥沃，适于耕作，这里是尼泊尔最重要的经济区，首都加德满都就坐落在中部谷地之上。加德满都谷地的形状更像一只椭圆形的大碗，两边高，中间低，东西长 33 公里，南北宽 25 公里。虽然距离高耸的喜马拉雅雪峰非常遥远，但在每年 10 月到次年 3 月的旱季，也可以看见喜马拉雅的朦胧容颜。谷地大部分地方海拔只有 1000 多米，四周被葱绿的群山所环抱，直到 4000 米以上才有雪线，自然条件十分优越。这里不但是尼泊尔主要产粮区，也是尼泊尔政治、经济与文化中心。谷地两侧层叠的梯田是尼瓦尔人用双手和简单的工具创制的延续千年的人造景观，而非自然与神造化的曼陀罗。作为谷地生命线的邦哥马蒂河穿越谷地而过，河水并不宽阔，水流也较为平缓，一如尼瓦尔人的性格，温和而又内敛。这条河维系着尼瓦尔人的迁徙与繁衍，连接着谷地的宗教圣地与朝圣的路线，也见证者谷地中尼瓦尔人创造的灿烂文明。

河谷梯田景色

---

① 许光世、蔡晋成：《西藏新志》，自治编辑社，上海，宣统三年（1911 年），第 65～66 页。

二、尼泊尔历史进程

尼泊尔的历史相当悠久，可惜因为缺乏文字记载，今天有关尼泊尔历史的信息，多是从寺庙的金石铭刻、古代宗教典籍、庙宇建筑风格以及外国旅行者的游记中得来的。最初记录尼泊尔历史与风貌的，恰好是中国人。尼泊尔最早出现在中国古籍文献中，是在公元 5 世纪的东晋时期。在中国唐朝古籍中，尼泊尔被称为"泥婆罗"，元朝时称"尼博罗"，清朝时称"廓尔喀"。在西藏，人们则习惯将尼泊尔称为"巴勒布"。

佛教典籍记载，文殊菩萨劈山泄湖，造就了加德满都谷地之后，就将这片土地交由其弟子治理，自己则离开谷地，回到了中国。在经历了戈帕尔王朝、阿希尔王朝之后，尼泊尔来到了有史料佐证的克拉底王朝时代。佛祖释迦牟尼出生于公元前 565 年左右，这一时期恰好处于克拉底王朝。

公元 1~2 世纪时，曾经统治北印度的李察维人因战败而迁移到了尼泊尔，在加德满都谷地建立起了统治。这些出身高级种姓，从南部而来的印度教信徒，开始长期统治信仰佛教的土著尼瓦尔人。公元 399 年（东晋安帝隆安 3 年），中国高僧法显以 65 岁高龄从长安出发，经过 7 年的长途跋涉，于公元 406 年到达了佛祖的故乡——迦毗罗卫国和佛祖的诞生地蓝毗尼园。法显的经历在其著作《佛国记》中有所记述，使中国人第一次了解到了当时论民园（蓝毗尼园）的情景。可惜他并未确切提及加德满都谷地。在法显之后，玄奘于公元 635 年也到达尼泊尔瞻礼佛迹。在《大唐西域记》中，玄奘对尼泊尔有这样的记载："泥婆罗国，周千余里，在雪山中。国大都城，周二十余里。山川相连，宜谷稼，多花果。出赤铜、犁牛、命命鸟。……僧徒二千余人，大小二乘，兼攻综习。外道异学，其数不详。"① 这大概是中国史料中对加德满都谷地最早的记载。公元 639 年，尼泊尔国王鸯输伐摩（Amushu Varma）将女儿赤尊公主嫁给藏王松赞干布。吐蕃大臣噶尔"携礼物与行装，与大臣一百骑去尼泊尔迎亲；尼泊尔臣民等皆送至芒域。"② 几乎在同时，唐朝有一位名王玄策的官员到印度礼佛的途中，停留加德满都谷地，其后描述当时看到的"7 层高的大厦，以及可以容纳上万人的大厅"，这大概是中文史料中对尼泊尔建筑最初的描述。玄奘到访尼泊尔与赤尊公主出嫁吐蕃的时间，以及王玄策到

① （唐）玄奘，《大唐西域记》，卷7，泥婆罗国，中华书局，北京，2009 年版。
② 王沂暖译：《西藏王统记》，商务出版社，1957 年版，第 36 页。

访的时间，也正是李察维王朝的黄金时代。

尼泊尔的所谓中世纪（13～18世纪），指同样来自印度的马拉王朝统治时期。与李察维工朝统沿者不强加给尼瓦尔人印度教习俗不同，马拉王朝参照《摩奴法典》，将不同职业的尼瓦尔人分成了64个种姓，并对各种姓的服饰、住房、举止等方面，都进行了详细的规定，尼瓦尔人信仰逐渐转变成了印度教。

到了18世纪上半叶，马拉王朝分裂成为加德满都、帕坦和巴德岗三个独立国家。这三个兄弟国家不但在政治上相互争斗，在王宫的修建上更是互相攀比，耗费举国的财力大肆修建神庙和宫殿，极尽奢华之能是，使得占据西部的廓尔喀人有机可乘。据说廓尔喀王室是印度乌代普尔拉基普王宫的后裔，因为与莫卧尔的战争失败，北上来到尼泊尔。廓尔喀人于1559年建立了后来声名大震的廓尔喀王国。国王普里特维被认为是尼泊尔王国的奠基者，但是真正完成尼泊尔统一大业的，是沙阿王朝。

沙阿王朝在统一了尼泊尔之后，将印度教定为国教，并于1853年颁布了民法大典，规定违反种姓制度者要予以惩罚。由于沙阿王朝的推崇和提倡，非印度教民族的生活习惯与习俗发生根本性变化，尼泊尔逐步演变成为印度教社会。

2008年5月28日，尼泊尔宣布废除君主制，结束了280多年的沙阿王朝，成立尼泊尔联邦民主共和国，实现共和制。目前，尼泊尔是世界上最年轻的共和国。

三、尼泊尔宗教信仰

尼泊尔被世人称为"寺庙之国"。在尼泊尔，人们常说，"屋有多少，庙有多少；人有多少，神有多少"。虽然不免有些夸大其辞，却也说明宗教在人民生活中的地位。这里所说的庙，并非我们想当然的佛教寺庙，更多指的是印度教神庙。虽然尼泊尔存在印度教、佛教、耆那教、伊斯兰教和基督教等多种宗教信仰，但印度教影响最大。

尼泊尔是当今世界上唯一的以印度教为国教的国家，王国时期的宪法规定，掌握国家权力的国王必须是印度教徒。根据90年代的人口统计资料，尼泊尔的印度教徒占总人口86.51%，佛教徒占总人口的7.78%，位居第二。[①]

---

① 王宏纬主编：《列国志——尼泊尔》，社会科学文献出版社，2004年版，第29页。

印度教传入尼泊尔的时间尚不能确定。由于李察维人是在公元2世纪来自北印度的王族，人们普遍认为，印度教可能是通过他们传入尼泊尔的。在李察维王朝时期，佛教和印度教并不悖行，且能和睦相处。但是到了公元8世纪，印度教大师商羯罗来到尼泊尔，他用近乎毁灭性的手段摧毁佛教，焚毁佛教书籍，迫害佛教徒，逼迫僧人与尼姑婚配。随后的马拉王朝为了巩固其统治者地位，也禁止宣扬佛教，甚至驱逐佛教徒出境，使得佛教在尼泊尔更加式微。到公元14世纪之后，贾亚斯提·马拉国王又在尼泊尔建立了种姓制度。在加德满都谷地，一直笃信佛教的尼瓦尔人开始逐步接受种姓制度。

黑天神节神车游行

尼泊尔与佛教有十分珍贵的渊源，其西南边境路潘德希县的蓝毗尼，是佛祖释迦牟尼的出生地。据南传佛教文献记载，公元前250年，印度孔雀王朝的阿育王曾经到蓝毗尼瞻仰佛迹，在那里建立了礼佛石柱，即阿育王柱。阿育王还携带女儿恰鲁玛蒂（妙俱）在加德满都谷地建立了窣堵坡，并派遣僧人末示摩（Majjima）到尼泊尔传播佛教。

蓝毗尼园的阿育王柱

目前，大乘佛教和小乘佛教在尼泊尔均有存在。小乘佛教在1951年从印度返回后，在尼泊尔不少地方建立起"佛教复兴会"，与泰国、缅甸、印度、阿富汗、斯里兰卡、日本、中国等十几个国家的佛教组织建立了联系。到20世纪80年代，小乘教派已经拥有寺院27座，主要分布在尼泊尔中部和南部地区。

尼泊尔的大乘佛教融合了印度佛教、印度教和藏传佛教内容，更重视宗教实践，重视密宗修行，包容了金刚乘和藏传佛教。金刚乘早在中世纪就在尼泊尔广泛传播，藏传佛教则在公元11世纪传入尼泊尔。与印度教徒一样，尼泊尔的大乘佛教徒在人生的不同阶段也要举行不同的宗教仪式。

说到藏传佛教与尼泊尔的渊源，从吐蕃赤松德赞时期（公元742年~797

年）就开始了。当时有一名叫萨囊的吐蕃大臣往天竺朝圣，在尼泊尔遇到了印度高僧寂护，便邀请寂护入藏弘法，得到法王赤松德赞的许可。后经寂护推荐，赤松德赞又迎请了正在加德满都附近的某个山洞里静修的著名高僧莲花生来藏。公元 799 年，寂护与莲花生仿照印度飞行寺的规模和式样，在西藏山南共同主持修建了桑耶寺，并主持第一批 7 个西藏青年出家的剃度仪式。由于佛法僧三宝均已齐备，西藏佛教初具规模。

桑耶寺

公元 841 年，朗达玛在西藏灭佛。又经过了 137 年后，佛教在西藏开始复兴。最早有阿里地区的漾绒巴胜慧，于公元 978 年赴尼泊尔学习律学，回藏后传弟子跋觉、菩提狮子等，成为律学复兴的开始；公元 994～1078 年，拉堆地区的卓弥释迦智和达罗童精到尼泊尔向静贤论师学习声明。他在尼泊尔游学 13 年，回藏后创立了萨迦派；玛尔巴（1012～1097）曾经向卓弥法师学习，后来又亲赴尼游学 3 年，回藏后创立了噶举派。该派理论奠基人米拉日巴（1040～1123），也曾经到尼泊尔学习佛教经典。

随着藏传佛教各教派次第形成和发展，藏传佛教开始向尼泊尔反向输出，特别是宁玛派和噶举派，在尼泊尔产生了很大影响。起初，藏传佛教寺院只是集中在尼泊尔北部的喜马拉雅山区，那里的寺院常延请西藏高僧去讲经或主持佛寺，或者派僧人到康区佐钦寺学习宁玛派教法。近 50 年来，藏传佛教的影响不断向南扩展，在中部河谷与丘陵地带也有广泛传播，各大派也都建立寺庙，其中以宁玛派、噶举派势力较为强大。根据尼泊尔喇嘛庙管理与发展委员会1988～1992年统计，尼泊尔全国有藏传佛教寺庙约300座。在全国各区县，少则有一两座，多则有数十座藏传佛教寺院。仅在加德满都斯瓦扬布寺周围，就有20多个大大小小的古姆巴（Gumba寺庙）。①

斯瓦扬布纳特的藏传佛教寺庙

四、尼泊尔主要民族

如果我们仅从宗教信仰和社会制度方面看，尼泊尔的民族可以划分为两类：信奉印度教并遵守种姓制度的民族和非印度教社会的民族。在尼泊尔，非印度教社会各民族被统称为"马塔瓦里人（Matawalis）"，意思是"喝烈性酒的人"，被认为是"首陀罗"（不可接触者）。这些"不可接触者"又分为"可奴役者"和"不可奴役者"。在"不可奴役者"中，影响力最大、且信仰佛教的是尼瓦尔族。

1. 尼瓦尔族

尼瓦尔族是尼泊尔具有古老文化和悠久历史的民族，也是以艺术和经商才能著称的民族。他们世世代代几乎全部定居在加德满都谷地，只是在近两个世

---

① 王宏纬主编：《列国志——尼泊尔》，社会科学文献出版社，2004年版，第31页。

纪，才开始不断向全国各地流动。在中国西藏，也生活着为数不多的尼瓦尔人，他们多半在清朝时进入西藏，从事贸易以及在寺庙中制作佛像。西藏和平解放之前，仅在拉萨，就有尼泊尔商店150家，尼瓦尔人约千人，每年的贸易额约100万卢比，而全藏则约有尼瓦尔人约3千之谱。①

　　尼瓦尔人的历史可以追溯到公元前6世纪，他们是尼泊尔古代文化、艺术和物质文明的主要创造者。由于印度教的强大影响，许多尼瓦尔人改信了印度教。因此，在尼瓦尔社会中存在两种宗教信仰。但是，这两种宗教并不相互排斥，而是彼此和平共处，相互融合的程度非常之深，双方都积极参加对方的宗教庆祝活动，并尊敬对方崇拜的神灵。值得注意的是，在加德满都谷地的许多神庙与寺院中，既供奉印度教神祇，也供奉佛教神灵。即使在著名佛教圣地斯瓦扬布纳特也是如此，湿婆与佛祖是并肩而立的。

尼瓦尔妇女

---

① 吴忠信：《西藏纪要》，《边疆丛书》，1942年版，第113页。

2. 塔茫族

塔茫族是尼泊尔西部山区一个较大的民族，主要分布在加德满都谷地周围。人们经常可以在加德满都谷地看到头上勒一条带子，背上驮着装满货物的筐子的男女，他们就是塔茫族。塔茫族属于蒙古人种，据说他们原来居住在西藏，后来逐渐南移，来到尼泊尔。由于族源是西藏，当地人称他们为"菩提亚"人。还有一种说法是：在公元643年，松赞干布应尼泊尔国王那伦德拉的请求，派遣了一支骑兵协助他恢复王位，这些骑兵后来没有回到西藏，而是在尼泊尔定居下来。"塔茫"（Tamang）在藏语中的意思为"贩马者"，因为塔茫族多以贩卖马匹为生。

塔茫族信仰藏传佛教，其文化艺术也多源自西藏。虽然经过几个世纪的演变，塔茫族在社会生活的很多方面已经与藏人有所不同，但是依然保留着与西藏的紧密联系。在每个具有相当规模的塔茫族村庄里，都建有一个佛寺，寺庙中的经文全部用藏文写成。塔茫族喇嘛一般都接受过藏传佛教的礼仪训练，僧人多在夏尔巴人寺院中学习过，有些甚至远赴西藏深造。

塔茫族村庄

塔茫族的村庄很容易分辨，因为它们的住宅与尼瓦尔民居有很大不同。与尼瓦尔社区一样，塔茫族社区的房屋建筑一般也较为密集，街道用石头铺成。但他们的房屋为两层，屋顶用木版覆盖，有时也用石板。房屋上层储存粮食与其他物品，下层作饭厅、厨房和卧室。上层还有一个阳台，阳台下面是一个廊子，作为起居室使用，也是房屋的正门，与尼瓦尔民居有很大差别。

塔茫族常将神祇的名称和祷文刻成石碑，镶嵌在路旁的墙壁上，类似藏族的玛尼墙与玛尼石。塔茫族还建有"希吉"（Hiki），与藏式佛塔"曲登"（Chorten）的功能相同，用来纪念已故亲属。在塔茫族的信仰中，苯教成分较重，如果家中有人生病，会请类似巫师的"本波"（Bompo）来驱鬼。但喇嘛的社会地位要更高些，也更受信众的尊敬。

五、尼泊尔传统建筑

由于尼泊尔位于喜马拉雅山区，有人说尼泊尔传统建筑是"世界上最高处的艺术"。其独具特色的红砖与木结构的神庙、宫殿与民居，是尼瓦尔人最美妙的创造。在加德满都谷地，你会发现城市广场上高耸于台基之上的神庙、紫檀木雕的大型凸窗虽然显得刻意，却没有丝毫的矫揉造作。这里的人们生活在一个高山映衬之下的广袤空间里，对地表的尺度感也许与我们有些不同。

保纳特窣堵坡

尼泊尔的建筑艺术在南亚次大陆的艺术传承上占有独一无二的地位。有学者认为，由于尼泊尔是世界上惟一以印度教为国教的国家，再加上其与世隔绝的地理环境，她对这个世界最伟大贡献就是保护了该地区宗教建筑、宫殿与民居建筑艺术不间断的传承。

学者们一般认为，加德满都谷地的印度教神庙是在公元4世纪到9世纪之间的李察维王朝时期开始修建的，著名的神庙昌古纳拉延就修建于这个时期。于此同时，皇家对已有佛教寺院的捐助与供奉也同样慷慨，佛教精舍与窣堵坡也得到大力发展，著名佛塔保特纳也修建于这个时期。千百年来，印度教徒与西藏佛教徒在贸易路线上络绎不绝，由于该佛塔扼守印度通往西藏的贸易道路，这里便成为融合印度教与佛教神祇于一寺的崇拜中心，是尼泊尔宗教文化融合的最好例证。

尼泊尔在13世纪曾经进入一个相对稳定的时期，但在原本来就不大的谷地又分成了三个小王国之后，加德满都（坎提普尔）、帕坦（拉利塔普尔）以及巴德岗（巴克塔普尔）三个兄弟国家为了击败政治上的对手，不惜征召当地最优秀的工匠，修建最豪华的神庙与宫殿已显示其实力。竞争的结果是国力的消耗以及外族的乘虚而入。但在客观上为后人留下的极其宝贵的建筑艺术遗产，使得后来者有机会为谷地精美的神庙与宫殿发出一声赞叹。

巴德岗杜巴广场

其实，在马拉王朝早期，三座城市就已经开始显示出各自独特的风格。杜巴广场是尼泊尔传统建筑的精华与浓缩，也是展示尼泊尔人社会生活的橱窗。在这里，尼泊尔最精美的砖雕与木雕工艺就展现在红砖建筑与紫檀雕刻的大型联窗之上。广场上下沉式的水池壁上精心雕刻神像与水龙头，每一处都是石头的赞美诗。身着鲜艳莎丽的妇人在水池中排队取水，赤脚的男人们在福舍里悠闲地抽烟，神庙台阶上戏耍的儿童在闭目静坐冥想的苦行僧身边吵嚷，似乎在考验修行者的定力与耐心。

杜巴广场，其实就是王宫前的空地，通常为红砖铺就，略高出周围的街道。宫殿建筑群由几个三到四层建筑围绕的庭院组成，包括用于政务与宗教目的房间以及高大的瞭望塔或者多重檐塔式神庙。王宫前的公共广场上面还矗立着众多由国王或者重要人物捐助修建的印度教神庙，其中最重要的神庙是塔勒珠女神庙与湿婆神庙，它们既是尼泊尔人最受热爱的神祇，也是国王的家族保护神。

帕坦神庙前的国王雕像

在王宫门前，还会竖立一根石柱，其上端坐一金人，头顶上有眼镜蛇护卫。人像的表情虔诚而肃穆，面对王宫或者神庙的入口，这便是修建该神庙的国王本人。除了高位于柱顶，有时国王也会骑在大象背上，或是站立在神庙的台基旁边、庙门两侧，作为神庙的守护出现，以期自己的王国与自己所修建的神庙、供奉的神祇同在。

　　这就是加德满都谷地经年不变的生活节奏，也是尼泊尔传统建筑艺术得以长久存在社会背景。并不坚固的红砖与容易腐朽的木材在南亚季风雨中不断剥蚀着神庙的屋顶、宫殿的墙体与民居的木窗。传统的建筑技艺也在现代工业文明的进程中慢慢消逝，逐渐堕落为迎合市场的旅游纪念品。我们所能做的，只有将尼泊尔传统建筑的美丽身影尽可能用图像与文字，记录在纸面上和我们的头脑中。

第一章

莲花盛开的谷地——加德满都谷地城镇

　　加德满都谷地原本是大蛇纳加栖居的湖泊，周围群山环抱，杳无人烟。原始佛陀毗婆尸受到神灵启示，在湖泊中间播种了一粒莲子。不久之后，湖面开出了一朵奇异的千瓣莲花，在黑暗的水中，莲花散发出自在而圣洁的光芒，那是梵天的光辉。此后的一天，文殊菩萨带领着众弟子从中国五台山前来，用10万朵香花参拜梵天，向梵天祈祷，然后挥动智慧的利剑，劈开湖南面的山峰，湖水顿时从山间的豁口向南奔流而去，大蛇也随着湖水远逸。经过四天四夜，湖水泄干了。文殊菩萨在这个宝剑形的谷地上建起一座城，命名为曼殊帕坦。岁月更迭，一位名为尼·穆尼的圣人逐渐使谷地兴旺起来，便取其地名为"尼泊尔"。

——《斯瓦扬布往世书》

一、加德满都谷地概况

　　以上的传说是加德满都人，甚至是尼泊尔人耳熟能详的尼泊尔创世纪神话之一，姑且称之为加德满都的佛教起源说。另一个创世神话的版本来自印度教，相传古时的加德满都谷地是一个由群山环抱的大湖，高山上居住着一个魔王。一天，魔王的美丽女儿乌沙梦见了一位王子——黑天大神克里希纳的孙子阿尼鲁。魔王便派人将王子绑架到了山上。不想黑天大神随后追来，杀死了魔王，并用法轮劈开了山脊，湖水随之一泻而下，大湖变成了谷地。黑天神在这里为孙子与乌沙举行了婚礼，并从谷地的西部带来了牧牛人，这里从此变成了人们安居乐业的地方。

　　虽然这两个故事不足以为信，但研究者认为，其中相当一部分有地质学的证据。2002年，《加德满都邮报》上刊登了一篇科学考察报告，认定加德满都谷地原来的确是一个大湖，大约形成于200万年之前，当时湖面铺盖整个谷地，大约500多平方公里。水平面的海拔在1450米左右，水深有150米。湖水的泄干是由于地壳运动引起的，也并非一次性下泄，而是经过了 5 次。第一次大约在 3 万年之前，大湖变成了数个小湖。最后一次泄水是在 1 万年之前，因为河谷南面的一个地方塌陷，湖水最后泄干了。①

1. 谷地城镇发展史

公元前 250 年左右，阿育王除了在蓝毗尼园建造了一个石柱，将女儿恰鲁玛蒂许配尼泊尔国王的儿子蒂瓦帕里王子之外，还在当时的帕坦城四角及中心，各修建了一个窣堵坡。在今天的帕坦郊外，这些建筑遗迹至今尚存。考古研究表明，佛塔的建造时代可以追溯到公元前 3 世纪，其中最著名的是比普拉瓦窣堵坡以及查希巴建筑群，后者还包括以恰鲁玛蒂的名字命名的窣堵坡。据考证，王子当时居住的村子，就在今天帕殊帕蒂庙附近。至于阿育王出行的真正目的，也许除了纯粹的虔敬礼佛之外，更大的动机是巡视其边远的国土吧。

虽然加德满都谷地在很早的时候已经是尼泊尔的政治与文化中心，但是由于缺乏文献记载，我们并不知道最初的权利中心确切在什么位置。直到公元 5 世纪的李察维王朝，尼泊尔以前的历史都被称为"往世书"时代，也就是传说时期。目前发现的石刻碑铭，都是马纳·蒂瓦国王一世（464 ~ 505 AD）之后的历史。这位国王将首都从一个叫廓卡纳的地方迁到了蒂瓦帕坦，并在那里修建了一座名为凯拉斯库特的巨大王宫，王国的行政事务都在这里进行。关于这座宫殿的确切地址，有研究者认为，就是帕坦老王宫北端的摩尼克沙瓦庭院。

从玄奘的《大唐西域记》中，我们还知道了李察维王朝时期另一位国王的名字。"……近代有王，号鸯输伐摩，唐言光胄，硕学聪睿、自制声明论，重学敬德遐迩著闻。"②

玄奘在这里提到的鸯输伐摩国王（公元 605 年 ~ 640 年），应该就是那位将赤尊公主嫁给吐蕃国王松赞干布的著名国王，他还将自己的妹妹嫁给了印度国王，从而与西藏和印度都维持着良好关系。赤尊公主嫁来吐蕃时，随身携带了释迦摩尼 8 岁等身镀金铜像，松赞干布为此像修建了西藏第一座佛教寺院——大昭寺。据说修建大昭寺的工匠，是随赤尊公主从尼泊尔来的尼瓦尔工匠。直到现在，每当学者提到大昭寺建筑平面，多数会将其与印度那烂陀寺的平面相比较。其实，加德满都谷地现存的每一座佛教寺院、每一座王宫庭院、

① 转引自张建明：《尼泊尔王宫》，军事谊文出版社，2005 年版，第 18 页。
② （唐）玄奘：《大唐西域记》，卷 7，泥婆罗国，中华书局，北京，2009 年版。

甚至每一座尼瓦尔民居，曾经都可能作为大昭寺平面的蓝本。千百年来，作为尼泊尔与西藏贸易的主要通道，经过加德满都来往于印度与拉萨之间的货物有羊毛、宝石、矿产，更有络绎不绝在三地间朝圣与游学的僧侣与信徒。正是因为与印度和西藏的交往，造就了加德满都谷地在政治上、历史上、经济上以及艺术上的独特地位。对于其交往的另一方，其意义又何尝不是如此呢？

从 13 世纪开始，曾经生活在印度和尼泊尔南部特莱平原上的马拉人进入了加德满都谷地，建立了马拉王朝。著名国王贾亚什提·马拉为了强化神权，大力推行印度教，他参照《摩奴法典》，制定了种姓制度，不但将印度教徒分成婆罗门、刹帝利、吠舍与首陀罗四个种姓，同时将佛教徒尼瓦尔人划分为班达、乌斯达、加布等种姓等级，并在各种姓之间的衣食住行方面进行了法律约束。为了巩固马拉王朝对谷地的统治，亚克希亚·马拉国王委派自己的儿子们协助管理巴德岗与帕坦两镇的行政事务，同时也为了占据国内通往印度和西藏的交通要道。加德满都谷地的城镇因此进入了快速发展阶段，同时也为日后谷地的分裂埋下了祸根。

1482 年，亚克希亚·马拉国王驾崩，他的三个儿子割据一方，自立为王，本来就不大的谷地分成了三个小王国：加德满都（坎提普尔）、帕坦（拉利塔

李察维时期铜雕

普尔）以及巴德岗（巴克塔普尔）。这种分裂状态一直持续到 1769 年，三个兄弟王国在政治上相互争权夺利，在神庙与宫殿建筑上同样倾尽财力，一争高下。据说巴德岗的某一位国王在一个技艺高超的匠人为其雕刻神像之后，因为害怕他会为其他国王服务，竟然残忍地砍掉其双手。这样处心积虑的结果，是马拉王朝所留给当代的尼泊尔最辉煌的古代建筑艺术杰作。而三国演义的后果，则导致了来自印度乌代普尔的廓尔喀人攻占了加德满都谷地。

廓尔喀人自称是月亮王族，其祖先在穆斯林势力入侵印度之后，进入了尼泊尔西部，建立起自己的王国。1768 年，廓尔喀国王普·纳·沙阿率军兵临城下，包围了加德满都城。当时的加德满都国王正坐在童女神库玛丽的华丽大车上巡游，庆祝童女神节。他慌忙跳下童女神车，逃到了距离他最近的兄弟城市帕坦。普·纳·沙阿统帅便登上童女神车，接受了童女神为其涂吉祥痣。帕坦国王看加德满都已经陷落，感觉大势已去，又与同来逃难的加德满都国王一起逃到了巴德岗。困守一年之后，巴德岗也被沙阿国王攻陷，谷地重归一统，加德满都永久性地成为尼泊尔首都。

纳拉延·沙阿国王为了纪念其统一国家，从三个马拉王国中征用了最好的尼瓦尔匠人，对加德满都的马拉王宫进行了大规模的加建与改建。有研究者认为，宫殿的改建标志着"马拉王朝时代尼瓦尔独特的高水平建造工艺的衰落"。19 世纪之后，尼泊尔与西藏的贸易路线因为英国在印度的渗透而逐渐失

尼泊尔新王宫

去了其重要地位，尼瓦尔城镇的收入来源逐渐减少，建造活动也日趋衰落了。

到了 19 世纪中期，作为首相大臣的拉纳家族绛·毗哈尔杜尔·拉纳在 1850 年游历了欧洲之后，自认大开眼界，尤其对法国文艺复兴时期的宫殿建筑感兴趣，随后尼泊尔开始引入西欧建筑风格，旧时的王宫与政府行政机构逐渐被欧式的王宫建筑所取代。

　　2. 谷地城镇现状

　　目前尼泊尔全国有将近 4000 个村庄，60 座城市，其中加德满都谷地被称为大都市，另有 4 个城市被定为准大都会，它们是拉利特普尔（Lalitpur）、博卡拉（Pokhara）、比拉特纳家（Biratnagar）以及博甘吉（Birgunji）。尼泊尔政府将整个国家划分为东、中、西、中西以及远西五个发展专区，加德满都谷地属于中部发展专区中的邦哥马蒂专区。

　　加德满都谷地的面积大约为 570 平方公里，人口 1，100，000，[①] 是尼泊尔最发达的地区。谷地的北面连接中国西藏，南面与印度接近。虽说谷地只占尼泊尔面积很小一部分，却从古至今是尼泊尔的文化与政治中心，也是贸易与艺术中心。

邦哥马蒂河

---

　　① 王宏纬主编：《列国志·尼泊尔》社会科学文献出版社，2004 年版，第 20 页。

加德满都谷地四面都是海拔 3000 到 4000 米的高山，邦哥马蒂河与毗湿奴河在谷地间穿行而过，养育着世代在这里生息繁衍的尼瓦尔人，也灌溉着山谷间星罗棋布的梯田。两条河在加德满都南面汇合之后，邦哥马蒂河转而向南，离开了谷地，最终汇入恒河。邦哥马蒂河并不是很宽阔，如印度人对待恒河一样，尼泊尔人也视其为圣河，认为在河水中沐浴，可以消灾除罪。信徒们在沐浴之后，会用水罐汲水，伴以花瓣、牛奶等洒浇象征湿婆的"陵伽"。

　　加德满都谷地是农业地区，这里土地肥沃，盛产稻米，除自给自足外，还有很多大米出口西藏。旧时西藏贵族餐桌上的大米，多来自这片谷地。每到稻谷生长季节，梯田一派翠绿，浓重的白色季风云在田野上空聚集。旱季来临，稻田的景色又从翠绿换为金黄，湛蓝的天空映衬着远处的雪山，丰收在望的稻谷则为雪山嵌上了闪亮的金边。

　　今天的尼泊尔，依然有 97% 的人口是农民，他们的生活完全依靠土地。但是在加德满都谷地，人口中的农业成分要少的多。尽管如此，即便是在加德满都谷地，村庄与城市的区别也并不是很大，所谓的城镇比乡村大不了多少，当然加德满都、帕坦以及巴德岗除外。当我们从谷地的制高点俯瞰城镇，你会发现，下面的居民点非常拥挤，建筑密度很大。有研究者认为，高密度的居民区主要是为了少占用农业用地。也许是为了节省土地，城镇住宅多修建在山顶或者山坡，以及那些不适合农业耕作的地方。

加德满都俯瞰

谷地三座主要城市布局稍有不同，帕坦的城市骨架由十字形的道路构成；巴德岗沿着蜿蜒的集市街道布局，加德满都则位于两条贸易路线的交汇点上。三座城市都是以王宫广场为中心，由庭院围绕的王宫是这个国家政治权力、艺术以及文化核心。我们要注意的是，将城市连接在一起的，并不是王宫，而是市场与街道，这一点与欧洲的很多古老城镇的布局一样。

　　加德满都的杜巴广场虽然位于几条街道的交汇处，这里并不是加德满都的中心，因为大广场又被划为几个小型广场，使得王宫或神庙建筑群的整体性不是很强；在帕坦，因为宫殿以及神庙分别沿着街道的两侧布置，其中心位置没有得到突出，但是街道依然是居民活动的核心部分；巴德岗的王宫显然离主要市场的距离较远，王宫花园就在城镇的边缘上，城市的焦点自然变成了广场上的五重檐的尼亚塔颇拉神庙以及拜拉布神庙。

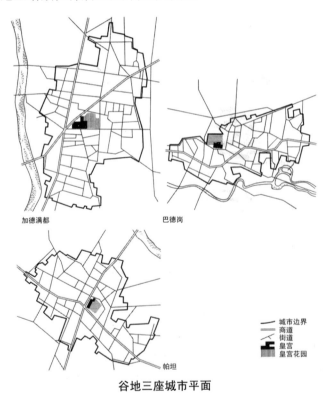

谷地三座城市平面

　　在过去的几个世纪中，谷地城镇和乡村的面貌其实很少改变，因为建筑材料沉旧、设计理念也并没有多少更新：宫殿、宗教建筑与普通民居毗邻而建，寺庙不是被挤在街角，就是与宫殿的高塔连成一体。广场与街道根本没有对称布局，所谓的对称，只能在建筑物本身的装饰上体现。

在今天的加德满都，建筑风格混杂，既有雕刻精美的红砖与木结构的马拉王宫与神庙、沙阿时代的民居，也有19世纪效仿法国新的古典主义建筑，如新皇宫，首相府、议会大厦等。20世纪初期，拉纳家族在加德满都郊区建立了豪华宫殿与花园，占地非常庞大，几乎是整个加德满都旧城的一半。新王宫是尼泊尔最大的宫殿，模仿凡尔赛宫修建，有超过1000间房间，是拉纳国王与其夫人们的寝宫。可惜在1973年的时候毁于火灾，后又经过了重建。尼泊尔废除王权之后，这里已经辟为旧王宫博物馆。

现在的加德满都谷地同样面临着城市化的扩张。在比较空旷的郊区，也就是新王宫附近，正在进行城市开发，旧时的小村庄与居民区有望成为城市的新核心。

加德满都新区街景

3. 谷地城镇布局

我们已经了解，谷地主要城镇是以王宫广场为中心发展起来的。因此，谷地城镇的基本格局是：高种姓家族的住宅通常围绕在杜巴广场周围，低种姓住宅又环绕高种姓住宅，最低种姓的住宅则在城镇的边缘分布。正是这样的传统观念，妨碍了城镇向外扩张，使得城镇中心更加拥挤。广场是谷地城市道路的汇聚点与城市生活的集聚中心，从中心广场发散出来的道路呈现明显的放射状，并将城市分隔成几个不同的区域。社会学家对这种城市结构很有兴趣，因为在每个区域里居住的居民是按照职业划分的特定种姓。社区的名称通常根据修建者的名字或者周围寺院的名字，或者神庙的名字来命名。这些社区名称本身就反映出了社会经济关系，比如"下屠夫社区"、"新油坊社区"、"木匠社区"、"陶器社区"等，甚至还有"石头地基社区"和"商人社区"。有些社区或者村庄的名称就直接取名自社区神庙中供奉的神祇。

帕坦某居民区入口

因为谷地曾经是非常繁荣的贸易中心，城镇的居民区通常沿着通往西藏或印度的贸易道路分布。在马拉王朝时代，这里的人们享受着高品质的文化，要比世界上很多地方的人生活富足。早在1970年代，加德满都谷地的这三座城镇就被联合国教科文组织列入世界文化遗产名录。

谷地的城镇建筑都是用漂亮的红砖作为墙体，木屋顶上覆盖瓦片或者稻草。石头通常只用于西卡拉式印度教神庙这样装饰繁复的纪念性建筑。狭窄的街道用砖与石头铺设，岁月的痕迹非常明显。

从城市的规划、平面布局，街道类型与广场、民居以及狭窄的街道与开放的广场之间的关系，我们就不难看出古代尼泊尔人的规划设计理念。在加德满都谷地的三个主要城市中，不但城市功能相同，其主要建筑与城区的布局也一样。城市中心由一个公共广场及其周围的皇宫和行政建筑组成，广场用于举行宗教仪式与居民的庆典活动，王宫是城市广场的核心。除了神庙、佛塔等宗教建筑外，宫殿是最显著的建筑，彰显着国王的权威。我们以加德满都杜巴广场为例，在 20 世纪初，王宫广场，包括皇家花园，只占旧城区面积的 1/25。宫殿建筑群之所以看起来比其实际规模要大，主要是因为有神庙建筑的烘托。这些神庙是统治者修建的，也主要为他们服务，百姓则很少能够有进入神庙的机会。

巴德岗杜巴广场上的神庙

谷地的街道都很狭窄，大概只有一米宽的样子，但这里每一寸空间都尽可能地充分利用。店铺通常占据着民居的底层，但商贩们更喜欢将货物都堆到街上。街道上总是挤满了做着各样活计的人，可以说这里居民的日常生活是在街道上进行的。如果有什么不寻常的事情发生，数不清的孩子们就会好奇地从高楼当中一下子冒出来。

穿行在谷地城镇狭窄的街道上，你会觉得这里的街道杂乱无章，街道几乎没有名称，让人摸不著头脑。可一旦你放慢脚步，细细地品味那些隐藏于街道间无数令人惊叹的建筑立面，也就自然体会到了谷地城镇独特规划理念：比肩而立的成排住宅，与充斥着神庙、纪念性建筑以及佛塔的宽敞广场交替而立。装饰华丽的凸窗随处可见，民居院落中间矗立着佛塔，福舍的廊柱下端坐着冥想的修行者，小广场下沉式水池中衣着艳丽的妇女在排队汲水。在纵横交错的路口徘徊之际，你可以看到刚才还正努力寻觅的神庙从眼前的街道上平地而起，神庙的旁边也许又是一个小广场或者是一个精巧的庭院。你会看到，街道两边立着各式各样的神像，每隔一条街上，墙上都会有象头神甘尼沙的形象，因为象头神被尼瓦尔人认为是房屋的保护神，也是幸运之神。

谷地店铺装饰

狭窄的街道中，人行道一般都略高，有水沟用来排水。相隔不远的小广场上会有一个水池，妇女们在那里取水。装饰漂亮的水池位于街道平面之下，水龙头精美雕刻中涌出股股清澈的水流，流入到下面的石头水池当中，孩子们在那里嬉戏，妇女们在那里洗濯，也有人当街沐浴。

事实上，街道本身还可以用于各项农业活动，包括打场、扬场和晾晒。毫无夸张地说，街道是尼瓦尔人的公共起居室以及工作间，也是买卖场所。剃头师傅就在街边给顾客理发，修鞋师傅就在路中间修鞋，小广场上堆满了制作好准备风干的陶锅，大多数的商品都挂在商店的外墙上展示。这边孩子们跳绳做游戏，那边装满活鸡的篮子就在街边摆着。在高大的住房三楼屋檐下，做饭的家什、装土豆、洋葱的篮子，花盆以及无数的杂物，都悬挂在支撑屋檐的斜撑上，构成屋檐下的风景。

洗衣服的妇女

二、加德满都谷地主要城镇

正如我们所知，加德满都谷地是尼泊尔的大都市，由三座城市组成，其中面积最大，人口也最多的是加德满都，即现在的首都，大约有人口 110，000，其中70%的居民为尼瓦尔人。其次是帕坦，大约有人口 45，000，80%的人口是尼瓦尔人。帕坦与加德满都的距离只有几公里，现在，两座城市的郊区部分已经连接起来。第三位的城市是巴德岗，是河谷东部最大的居民区，距离加德满都十多公里，大约有 35，000 人口，其中98%的人口为尼瓦尔人。虽然两个城市之间有公共汽车连接，但巴德岗与加德满都显得有些生分。

18 世纪下半叶，意大利神甫朱塞佩到加德满都谷地传教，他曾经记录下谷地主要城市的规模与房屋数量："加德满都有房屋大约 18，000 座、帕坦有24，000 座、巴德岗有大约 12，000 座。"[①] 在加德满都谷地，对城镇发展起决定作用的因素是贸易。因此，有很多城镇和村庄就位于贸易路线的交叉点上。

---

① Fran. P. Hosken，*The kathmandu Valley Towns*，Weatherhill，1974，P，34.

上文已经指出，加德满都谷地的城镇或居民点多建在高处，并且靠近河流。除了节省耕地的因素，军事防御、防止洪水侵袭也是选址的重要考虑因素。有西方学者认为，谷地城镇都是严格按照印度教宇坛城的观念而规划为环形、刀剑形状或者是盾牌形状，但并没有确切的证据予以证实。

1. 帕坦（Patan）

帕坦位于加德满都以南约 5 公里处，两座城市因邦哥马蒂河隔河相望。帕

帕坦铜器市场

坦在尼泊尔语中的意思是"商业城"，这就说明了帕坦曾经的经济地位。帕坦还以木雕、石刻、铜器铸造闻名，因此有另一个名字"拉里特普尔（Lalitpur）"，意思是"艺术之城"。

帕坦是加德满都谷地最重要的城市之一，有两个传说可以证明其重要性。一个是我们上文中提到的，佛陀生前曾经在加德满都谷地的一座精舍里停留过2~3 年。在其去世两百年之后，阿育王的女儿恰鲁玛蒂与尼泊尔国王的儿子蒂瓦帕里王子在帕坦成亲；另一个也是上文中提到的，文殊菩萨劈山造就了一座莲花山，并在这里建造了文殊帕坦城。文殊菩萨在靠近古节瓦里的地方种植树木，并且将那些愿意做房主的弟子留下，指定其中一位为国王，命名他为达摩马卡。

传说达摩马卡在这座城里的八个方位上修建了八座城门，在城市中心，修建了一个宫殿，一个带有四个大门的杜巴广场。大门顶端上放置了一个半圆形的门头装饰，金色的大门入口镶嵌有红宝石与祖母绿。在大门的两边，是半神

的雕像守卫。在广场前面，国王树立了一根柱子，放置一只金色的狮子站在上面。在柱子旁边，国王还建了一座神庙，神庙的屋顶是黄金制成的，宝顶是一座金色的宝塔。神庙的窗户是用黄金和白银制成的，其间还镶嵌着宝石，里面供奉着男神和女神塑像。在神庙旁边，国王开辟了一个花园，挖掘了一方水池，称其为帕蒂马卡。国王以菩萨的名字，将这个城市命名为文殊帕坦。

帕坦杜巴广场

英国人丹尼尔·华特这样描述帕坦城的创建："蒂瓦国王创建了一座城市，城里有 2 万居民，他将其命名为拉利特普尔。蒂瓦是根据以下规则修建房屋并且分配给居民的：在城市中间，他修建了一个地下水池，在里面供奉蛇神纳加以及其他神祇。然后他将水池盖上，将水放掉。在水池上方，他建起一座塔，竖立了一个湿婆陵伽，一座象头神像、一座玛哈卡拉像以及一座坛城，并为自己修建了一座广场，这些都是他所奉献的。蒂瓦国王还修建了一个大神庙摩萨拉，用来供奉 33 个神祇。他终其一生来供奉这些神祇，并最终得到了救赎。"①

有历史学家认为，公元前的克拉底王朝就定都在帕坦，比姆森寺西北还有克拉底王宫的遗迹，而帕坦市中心的吉祥街，则是李察维王朝马纳格里赫宫的

---

① Fran. P. Hosken, *The kathmandu Valley Towns*, Weatherhill, 1974, P, 44.

遗址。另有一碑文记载：在李察维王朝时期，帕坦建立起了一座9层高的凯拉什库特宫，国王将城市划分为9个部分，在这9个地区，分别竖立了9个象头神像，还竖立了各路神像各4个，其中包括象头神、佛陀、库玛丽等。他还在城市的中心位置设立了湿婆像，用以保护全城的百姓。

民间的传说是：蒂瓦国王修建了一座城门、挖掘了两眼水井、修建了三个汲水池、四个尼塔纳塔、五个舞蹈平台、六条街道、七个斯瓦利、八个阿嘎玛、九个象头神像……

从14世纪开始，马拉国王开始长期居住在巴德岗，帕坦虽然还保有首都的头衔，却没有了首都的实质。亚克希亚·马拉国王将国家一分为三之后，帕坦自然成为了独立的帕坦王国首都。在普·纳·沙阿国王统一了尼泊尔各小邦国后，加德满都成为了国家的首都，帕坦成为地位仅次于加德满都的城市。

帕坦街景

另有研究发现，因为帕坦在古代是金刚乘佛教中心，不仅神庙中留有佛教艺术的烙印，连城市本身，也是按照佛教坛城形状规划的。城市的四面有四座城门，城市东、南、西、北四个方位各建有一座佛塔。城中的佛塔为窣堵坡形制，城外的四座塔则为阿育王塔。

帕坦最令世人称道的地方，无疑是杜巴广场。杜巴广场南北狭长，以一条窄街为界，东部是王宫庭院，西部是一系列神庙。广场中央竖立的高耸石柱上是一位身穿金色衣服的国王，巨大的悬钟和皮鼓分列两行。克里希纳神庙（黑天神庙）位于王宫广场的西边，该神庙建于 1637 年。神庙的底座为正方形，上面为二层重叠的莫卧尔风格的角亭，共有 214 个尖顶。神庙塔体呈棱锥型，全部由石料琢磨而成。第一层刻的是古代印度史诗《摩诃婆罗多》故事，第二层雕刻《罗摩衍那》故事。神庙雕工异常精美，是举世闻名的杰出艺术作品。

帕坦克里希纳神庙

　　在王宫广场西北边的科瓦庭院内，有一座建于 12 世纪的佛教寺院——希拉尼亚·瓦纳寺（HiranyaVarna Mahavihar），也称为黄金寺。黄金寺为三重檐塔式建筑，从屋顶、窗棂到墙体，直到三扇大门，全部用鎏金的纯铜覆盖，使得整个寺庙金光夺目，代表了尼泊尔铜铸艺术的最高水平。

　　另一座著名的佛教建筑大觉寺位于王宫广场的东南方，建于 1585 年，据说是模仿印度鹿野苑的金刚宝座塔而建。塔高 30 余米，塔基高 5 米，四角各建一小塔，每座塔都是用 9000 块巨大的红砖建造的，每块砖上刻一尊释迦牟尼座像，因此也被称为千佛塔，是尼泊尔制陶技术的典范之作。

帕坦大觉寺

2. 巴德岗（Bhadgaon）

1793 年，英国旅行探险家科克·帕特里克这样描写巴德岗："巴德岗比加德满都要好一些，虽然是三座城市中最小的一个，仅有约 12，000 座房屋，但是它的宫殿与建筑，总体来说具有很大的视觉冲击力。它的街道并不比其他两个要宽阔，但是要干净很多。"①

巴德岗位于加德满都以东约 13 公里处，又名巴克塔普尔（Bhaktapur），尼瓦尔语的意思是"虔诚者之城"。13 世纪初，马拉王朝曾经定都在巴德岗，这里在相当一段时间内是尼泊尔的政治、经济、宗教、文化中心。在两百年间，巴德岗出现了许多王宫庭院与神庙，逐步形成了近代城镇面貌。15 世纪末，马拉王朝分裂，巴德岗与帕坦一样，自然成为了一个独立王国的首都。

尽管巴德岗城区某些地方的名字很早就出现在文献之中，但巴德岗现在的名称，是公元 889 年才出现的。据说是国王阿南达·马拉以湿婆手鼓的形状创

---

① Fran. P. Hosken, *The kathmandu Valley Towns*, Weatherhill, 1974, P, 54.

建了该城。阿南达·马拉非常慷慨并且智慧超群，他从卡斯延请著名建筑家阿纳普拉在城里修建了 12，000 座住房，将其命名为巴德岗。当时的这片地域包括 6 个小村庄以及他本人的领地。此后，国王又建立了 7 座城镇，并在巴德岗建立了自己的宫殿，修建了杜巴广场，树立起神祇的塑像，以保护城内与城外的安全。

巴德岗杜巴广场

巴德岗杜巴广场

巴德岗的大部分城市建筑是在 17 世纪末修建的。马拉王朝的王宫广场上布满了不同时期修建的大小不等、风格迥异的古老建筑，使巴德岗有露天博物馆的美誉。更有西方建筑学者将其比喻为"阿拉丁的洞穴"。

　　西方学者一致认为，巴德岗是谷地中最平和，也最可爱的城市，保持了最多古老城镇的气氛，也没有过多地受到现代化的破坏。在 1934 年的地震中，巴德岗损失惨重，90% 的建筑物受到损毁，后来是在德国文化遗产保护组织的努力下，经过长达 20 年的努力修复与保护，才使得这座城市逐渐恢复了往昔的面貌。事实上，杜巴广场上很多建筑的历史都无从可考，因为它们大多经历了整修与重建。我们也不必着眼于眼前的建筑是四百年之前的，或是昨天才修建的，因为这些建筑本身的魅力是超越时间的。

　　巴德岗较好地保持着尼泊尔传统城镇的风貌和特色，这里的居民多数仍以手工艺、经商或者务农为生，陶器与手工纺织品是当地驰名的产品。这里也被西方学者称为"中世纪尼泊尔城镇生活的橱窗"。

巴德岗街景

　　巴德岗的杜巴广场比加德满都和帕坦的杜巴广场要宽敞开阔，广场西南方的大门非常雄伟，门前有两只巨大的雄狮，神猴哈努曼、面目狰狞的拜拉布以及有 18 只手臂的难近母，都是 17 世纪时的雕刻作品。

巴德岗的杜巴广场上最吸引人眼球的地方有金门、扇窗宫以及孔雀窗，特别是孔雀窗，可以说是尼泊尔建筑装饰艺术的代表。金门（Golden Gate）是王宫庭院的正门，为吉兰特·马拉国王所建，工艺非常精巧，门上一系列神祇形象造型完美，图案布局得当，堪称世界上同类作品之翘楚，为尼泊尔传统铜雕艺术的代表作。

　　在金门东边，是一座砖木结构的四层王宫建筑，墙体为尼泊尔传统红砖砌筑，飞檐下有55扇一体相连的黑色檀香木雕花窗。窗棂花纹图案十分优美，雕工精美绝伦，是尼泊尔建筑中窗棂木雕的代表作，该建筑也就被称为"55窗宫"。

巴德岗 55 扇窗宫

　　其实，不只是王宫的窗户才够得上精美绝伦，在王宫旁边小巷内，布加利修道院墙上，装有一扇15世纪的黑色木窗，中心透雕一只开屏的孔雀形象。该窗构图精妙，雕工精细，被认为是尼泊尔木雕艺术的杰作，有极高的艺术价值，是尼泊尔艺术的标志性图形。

巴德岗的孔雀窗

在王宫广场的东侧，有一座建于 1702 年的五层塔楼，尼亚塔颇拉神庙。该塔高 30 米，是谷地中最高的塔式建筑。神庙建在一个 5 层的正方形台基上，该神庙的显赫名声多表现在神庙主入口的每一层台阶守卫上。第一层台阶上的守卫是传说中的金刚力士加亚·马拉和帕塔·马拉，据说他们的力气是常人的十倍；第二层台阶上是一对大象，它们的力气是力士的十倍；第三层台阶上是一对狮子，它们的力气是大象的十倍；第四层台阶上是一对半鹫半狮的怪兽，

巴德岗尼亚塔颇拉神庙

它们的力气又是狮子的十倍；最高一层是辛格西尼与巴西尼女神，她们的力气是怪兽的十倍。在印度教信仰中，女神的威力通常非常大，男神们通过与女神的结合，力量会更加增强。

3. 加德满都（Kathmandu）

加德满都位于邦哥马蒂河与毗湿奴河的交汇处，海拔1300米左右，是尼泊尔最大的城市。加德满都在古时候称坎提普尔（kantipur），意思为"光明之城"，建于公元723年，古纳瓦·德瓦国王统治时期。"加德满都"这个名称最早出现在1593年，据说是因为耸立在杜巴广场的一座完全由一根大树的木料建造的屋宇而得名，因为"加德"意思是"木"，"满都"意思是"屋宇"，该建筑通常被称为"独木大厦"。

传说在古纳·卡玛·蒂瓦统治了51年（10世纪下半叶）的时候，女神摩诃·克拉什米在其断食并崇拜时入其梦境，指点他在邦哥马蒂河与毗湿奴玛提河的交汇处修建一座城市，并命名为克提普尔。国王就在女神的指导之下，在最吉祥的时刻开始为城市奠基，并将首都从帕坦搬迁到了加德满都。

最初加德满都只有房屋18,000座，女神拉克什米保证说，一旦每天的交通量达到一定数量，她就会在这里居住。在女神的协助下，国王建起了一座金色的宫殿。

有人说加德满都的形状是一把利剑，但从现在的城市形状，看不出它曾经是一把剑。有资料显示，加德满都曾经有南北两个大的居民区，这两个居民区在靠近宫殿区的地方交汇，但今天的加德满都人习惯用"上"、"中"、"下"来指加德满都的不同区域。

现在的加德满都市中心是一个名为通蒂凯尔的广场，这里是群众集会与士兵操练的地方。广场中央竖立着一根高55米的圆柱形高塔，是为纪念19世纪的民族英雄比姆森·塔帕修建的。该塔高约60米，像根巨大的擎天立柱，是全市最高的建筑，也是加德满都的特殊标志。比姆森塔曾遭受到两次强烈地震的袭击，1934年大地震时，塔附近的房屋倒毁殆尽，它却安然无恙，至今保存完好。广场北面是国王的新宫纳拉扬希提宫。以该广场为界，西面是老城区，东面是新城区。

比姆森塔

　　老城区的中心是被称为哈努曼多卡宫的老王宫，最早建于马拉王朝时期。在 15 世纪马拉王朝分裂时，该宫是普拉塔帕·马拉的宫殿，因其宫门左侧建一个象征威猛神力的哈努曼神猴而得名。马拉王朝的数位国王都酷爱建筑和艺术，普拉塔帕国王（1641～1674 AD）在位期间，修建了纳萨尔庭院、莫汉庭院、御花园等，特别修建了王宫大门，安放了神猴哈努曼像。在王宫大门北面的石墙上，刻有一段用梵文、尼泊尔文、尼瓦尔文、印地文等十五种文字写成的铭文，均出于该国王亲笔撰写。1768 年之后，这里成为了沙阿王朝的王宫，直到 1971 年新王宫建成。宫内的纳萨尔庭院，是马拉王朝时代戏剧演出的场所，后来成为国王举行加冕礼的地方。这里设有金光熠熠的狮子宝座，重大的宗教活动以及国王的生日庆典活动等，通常也在这里举行。

哈努曼多卡门

宫前会议厅

加德满都最古老的街区与传统市场是"阿桑"，在六条街道的交汇处，这里是典型的尼瓦尔社区，房屋多为三到五层，底层做店铺，上层为住宅。这里街道狭窄，没有人行道，有些店铺没有柜台，货物都堆在墙边和地面，还有的货物干脆就摊在街边上。在马拉王朝时期，这里就已经是加德满都的市中心，从前主要的城门就在阿桑东面的博塔希蒂附近。从东门入城到王宫或者是节日里的神车游行，阿桑都是必经之地。

作为加德满都的商业中心，阿桑的商人多为尼瓦尔人。过去，他们控制加德满都的商业，也控制着尼泊尔的对外贸易。虽然今天外国商品大量输入，对本地商品冲击很大，这里依然是本国农副产品的主要销售市场。每年从山区来的农民会将他们带来的土产在这里卖掉，再换回去所需的生活用品。

4. 其他城镇

与多数亚洲国家的农村相似，与世界上的农村民居也有相同之处，在加德满都谷地，随处可以看见规划整齐的农田以及成串的茅草屋顶的房屋，某些居民区非常古老，由不同的部落与种族的人修建，城镇的规模其实与村庄也没有什么太多的区别。

1）科特普尔（Kirtipur）

科特普尔距离加德满都很近，站在加德满都较高的地方，就可以看到科特普尔，步行也可以到达，现在这里已经纳入加德满都的郊区。该城在加德满都谷地的近代历史中曾经非常强悍，长期抵制沙阿国王的统治。科特普尔是沿着陡峭的山脊发展起来的城镇，防御功能尤为显著。这里的居民超过 7,500 人，93% 的居民是尼瓦尔人，很多男性居民家住在科特普尔，工作在加德满都，步行上班需要一小时左右。除了农业之外，纺织是这里的传统职业，很多家庭都有传统的手工纺织机。虽然该城镇距离繁忙的首都很近，却没有加德满都那样的喧嚣与混乱。这里似乎属于另一个时间与空间，平静而安详，遥远而又庄重。在山脊之下的一片新式新建筑，是尼泊尔最大的高等教育机构——特里布文大学。

科特普尔城镇的中心有一个铺地十分漂亮的神庙广场，那里的巴拉瓦神庙里供奉的是湿婆的化身怒相天神，每天都吸引着谷地中众多的信徒前来朝拜。这座神庙的屋顶是用古代的兵器作为宝顶装饰的，设计非常独特。

2）叁库（Sankhu）

叁库镇人口大约为 4,500 人，其中 95% 的居民为尼瓦尔人。这座城镇的布局与谷地其他城镇截然不同，城镇的主要神庙建在城镇边上，即过去的城墙与城门的外面，而不是像谷地其他城镇那样，城镇中心建神庙广场，这说明该城镇曾经是一座城堡。该城镇建在谷底的边缘，扼守通往西藏、加德满都东北的主要贸易道路。这座城镇今天比较贫困，但从前可能一度非常繁荣，也许与最近半个多世纪以来西藏与印度贸易路线的衰落有关。

在叁库，街道的铺地已经破损不堪，曾经漂亮的住宅墙面斑驳与破旧。但是我们可以看到有几处破败房屋上奢华装饰的民居联窗，典型的尼瓦尔雕刻风格依然表现出房屋主人曾经的富足与张扬。

叁库为典型的尼瓦尔社区，大型民居都围绕着中心广场修建。从某些建筑的装饰细部来看，多数住宅应该是 19 世纪左右修建的，不少建筑装饰竟然是维多利亚时代的细部，显然是在加德满都的拉纳王宫建造之后，叁库人从那里照搬来的。从这里的居民可以建得起西式房屋，我们可以推测，该城镇直到近代还依然保持繁荣。由于该城镇还没有公共交通可以通往首都，该城镇就像是完全生活在过去时里。

叁库对朝圣者与普通游客的吸引力在于城镇的中心的保特纳窣堵坡。这座佛塔非常古老，也是尼泊尔境内最大的佛塔，据传建造于公元 5 世纪。巨大基座的四个方位各建一条陡峭的台阶，朝圣的人们要从陡峭的台阶上爬上去，才可以到达白色半圆球上，这与佛塔为须弥山的理念十分吻合。白色的半球上面是高耸的方形高塔。这是谷地里最让人印象深刻的纪念性建筑之一，其重要性仅次于斯瓦扬布纳特佛塔。保纳特佛塔周围是藏人聚集的地方，在 19 世纪到 20 世纪中叶，一直由来自西藏的宁玛派僧人任住持。每年的藏历新年期间，这里都要进行盛大的法会。

可以说，是该佛塔造就了一座城镇。在 20 世纪 50 年代之前，这里只不过是一个小村落，现在则是藏传佛教的朝圣中心之一，附近分布着 30 多个藏传佛教寺院。有趣的是，这座城镇的平面布局是圆形的，两排住宅建筑就环绕在大塔白色的基座周围。这些房屋沿着通往加德满都的道路分布，居民主要以农业或者宗教为业。

保特纳佛塔转经路

3）泰米尔（Thimi）

泰米尔原本是通往巴德岗路上的一个小镇，穿过平坦的田地便可以到达，这里因为陶器而闻名于谷地，现在已经成为巴德岗市的一部分。该城镇因沿着主干道发展，谷地中最繁忙的公共交通路线就穿城而过。泰米也是沿着山脊修建的尼瓦尔风格的小城镇。村庄由一条长长的街道，两排三、四层高的沿街住宅构成。城镇中间建有一个广场和一座雕刻神龛的下沉式大水池，作为村子中的主要公共设施和市场，各式正在晾晒，准备出售的陶器堆满了广场。

泰米社区

4）尼拉坎塔（Nilakantha）

尼拉卡塔能够发展成为居民区，完全是因为这里是一个著名水池所在地。说是水池，其实水里面是一个雕刻毗湿奴仰卧于盘绕的大蛇纳加身上的雕像。虽然没有记载该水池修建的时间与施主，但是该水池的确非常出名，来这里朝圣的人常年不断，特别是在年节的时候，到这里朝拜湿婆的信徒更是络绎不绝。尼泊尔国王因为不能随时前来朝拜，便将水池按原样在王宫内院修建了一座。

这座小镇并不是典型的尼瓦尔城镇，民居建筑独立而分散，不似尼瓦尔住宅那样联排成片。这里的居民也多是农民，但属于塔茫族等其他尼泊尔民族。

5）卡塔纳杰（Katunje）

卡塔纳杰是接近巴德岗的一座小城镇，也可以说是村庄，位于谷地的东边。这里的房屋也分散布置，均为茅草屋顶，而不似尼瓦尔人住宅。这里是印度移民以及廓尔喀人在1769年之后才建立的居民区。

三、加德满都谷地城镇主要特征

从以上描述中我们已经了解，加德满都谷地三座主要城市的杜巴广场在概念设计上完全相同，只是规模大小有所区别而已。因此，我们对这些城市的兴趣点，我们在城市间所获得的乐趣，都与城市间狭小的街道带来的宜人尺度密不可分。当你漫步在头顶只有一线天的狭窄小巷间，在不经意间抬起头欣赏街道两边装饰精美的建筑，分享这些依然被人使用的活体建筑给我们带来的鲜活生命感受的时候，不只是对世代生活在谷地的尼瓦尔人的生活态度与生存技艺泛起由衷的敬意，还有对在南亚大陆早已消失的历史与文明的回顾与记忆。

1. 精舍与民居的转换

在谷地城市中，狭窄的小巷通常只有1米来宽，这些小巷子通往迷宫般的住宅建筑。成排的房屋都会有一个庭院，民居的庭院总是隐蔽在一排排房屋后面，被包围在房屋当中。也许就是为了躲避城市的喧嚣，人们只有穿过建筑底层朝向街道的通道，才得以进入相对私密的庭院。但是在被称"陶器之城"的泰米尔，有这样一项特别的法律，就是允许居民穿过他人的住房，这就意味着庭院也要向公众开放。事实上，开放的不只是民居的入口，国王的宫门也一样可以成为居民的日常通道。

民居底层入口

巴德岗街巷

　　典型的尼瓦尔家庭是扩大家庭，包括父母以及所有未婚的子女、结了婚的儿子与其家庭，经常还有祖父母同住。对尼瓦尔人家庭的调查数据表明，一般的家庭人数为6~30人，佛教徒住宅庭院的中心还修建一个装饰精美的小型佛塔供家人礼拜。因此，有研究者认为，这种形式的住宅起源非常早，应该源于佛教寺院建筑。我们知道，最初的印度佛教寺院是佛教传习中心，也是印刷经文以及铜像制作的地方。寺院为中心庭院式，周围环绕着众多小型的支提以及殿堂。主要的佛殿位于庭院入口处侧面，佛殿周围是僧人们授课场所以及他们的家人的住房。

在沙阿国王1769年统一谷地之后，将印度教立为国教，佛教僧侣们被勒令结婚。目前在加德满都，很多佛教寺院里都居住着僧侣的后代以及他们的家人。这些庭院又可以通向砖砌的一排排房屋围绕的寺院。现在很多佛教寺院已经很难保存从前修建的漂亮神殿以及佛塔，随着人口的不断增加，寺院的空间日益收缩。因此，有时候我们很难分清哪里是佛寺，哪里是民居，因为佛寺就处于民居的包围之中。在帕坦的著名寺院大佛寺中，现在也居住着许多居民，寺院庭院中的很多雕塑、小型窣堵坡以及各种装饰，根本就隐蔽在拥挤的生活环境中，生活气氛的确非常浓厚，却少了很多寺院该有的庄严与肃穆。

事实上，不只是民居建筑平面起源于佛教的精舍，马拉王宫在设计上也是围绕着一系列的庭院建造的，只是以其多重檐塔楼以及精美的雕刻与其他建筑有所区别而已。

民居庭院中的佛塔

2. 公共空间与私密空间的转换

谷地中村庄和城镇的街道模式十分相似，都是居民区十分密集，街道非常狭窄，建筑由 3～4 层的住宅组合而成，形成连续的立面，入口比较少。这样的规划设计使得西方人认为，谷地依然保留着中世纪城镇的面貌。

在谷地三座主要城市中，虽然王宫广场是城市中心，但广场上王宫的庭院都不是很大，对城镇的总体布局并没有干扰。加上王宫建筑群范围的单体建筑不规则组群，与周围的神庙、寺院、舞蹈平台、雕塑以及民居有机的融合为一体。这些建筑的集合构成了杜巴广场的整体轮廓。

尼瓦尔人城镇建筑布局与城市空间环境是由人们长期形成的日常行为习惯决定的，因为谷地城镇日益变得拥挤，缺乏充足的光线与通风，人们更愿意大部分时间待在室外。尼瓦尔民居庭院本身的功能是作为全家人的户外活动空间使用的，在这里可以做任何事情，包括晾晒稻谷，孩子们则在有铺地的庭院中心游戏。稍微宽一点的街道和广场也是人们日常活动的场所，比如做生意的市场、集会的地方、休息的地方以及公共沐浴场所等。开放的空间里还可以饲养山羊和奶牛，甚至进行家庭聚会。在尼瓦尔人看来，神庙、节日庆典、民居、街道以及携带着动物的人们、手艺人、工具、做买卖的市场，都是他们的生活中不可或缺的部分。

福舍

穿行在谷地的街道中，你一定会被称为"帕蒂"的福舍所吸引。"帕蒂"通常建在街角或者面对着广场。典型的福舍为一层，仅是一个升起的平台，雕刻精美的立柱支撑出挑的屋檐。有些福舍还建有上层，也带有漂亮的木雕凸窗以及屏门。疲惫的旅行者以及劳作了一天之后人们会聚集在平台上，坐在那里闲聊。白天的时候，妇女们也会将洗好的衣服挂在两根柱子之间晾晒，附近街区的老年人则聚在一起抽烟，有滋有味地看着过往的行人。

　　从狭窄的街道与开放的杜巴广场，从民居、宫殿与纪念性建筑的空间位置关系中，我们可以看出尼瓦尔人对于视觉、功能原则，以及社会需求的掌握。尼瓦尔人是建筑高手，他们在处理广场内的建筑空间与尺度以达到最佳视觉效果方面，技艺非常高超。可以说，古代尼瓦尔人的这种理念，是同时代世界上其他地方的人都无法企及的。

附件 1：邦哥马蒂（Bungmati）社区调查（资料来源：Fran. P. Hosken, The kathmandu Valley Towns）

邦哥马蒂小镇位于加德满都南部，处在加德满都与帕坦之间，因为集市广场上红色的玛卡兰纳特神庙（观音庙）而出名。城中三分之二的居民为尼瓦尔人。这个社区是因为节日要运送红色神像到加德满都而沿着道路发展起来的。因为该地距离加德满都比较远，无法每天通勤，多数居民都在家务农。

邦哥马蒂社区

邦哥马蒂是加德满都谷地典型的尼瓦尔人居民区，在上世纪 60 年代末，由 8 个年轻的丹麦建筑师组成的调查小组，在这里进行了将近一年的考察。他们几乎调查了该社区所有的建筑，绘制了精确的城镇布局与建筑平面图，对城镇布局、城镇规划以及单体建筑进行了较为详尽的测绘。在此之前，西方建筑师没有关注过尼泊尔的民居建筑以及城市设计。由于缺乏文字资料，加上城市发展很快，如很多谷地城镇一样，尼瓦尔手工技艺正在消逝。

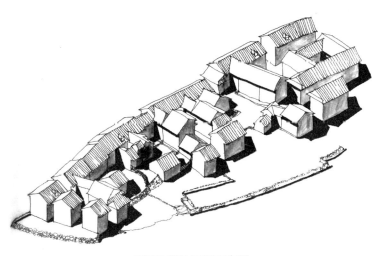

邦哥马蒂社区平面布局

神庙广场平面

丹麦建筑师小组之所以选择邦哥马蒂小镇，是因为这里几乎所有的居民都是尼瓦尔人。这个居民区建在不适于农业生产的高台之上，距离加德满都与帕坦的距离步行均需要两小时，居民区周围是千百年来不断开垦的梯田。事实上，由梯田构成的人工环境在中国、东南亚等亚洲稻作国家很常见，是农业国家改变自然面貌非常典型的方法和手段，当然也是亚洲人勤劳与智慧的象征。但是对很少看见梯田的欧洲人来说，这样的景观还比较新奇的。

　　与其他尼瓦尔城镇一样，邦哥马蒂人口稠密，居民多数是农民，但也根据种姓的不同从事其他职业，主要是祭司。

　　社区建筑密集排列在狭窄的街道两边，大多数建筑是 3～4 层的楼房。石头铺设的主广场比城镇的街道要高出一些，城镇广场三面都被建筑所环绕，人们需要穿过由两头狮子把守的大门才能够进入。在这个广场的中心，是精美绝伦的红色玛卡兰纳特神庙，也称为观音庙，观音像为印度南方雕刻风格。红色观音像在每年春节的时候要送往帕坦展出一周时间，每到这个时候，要用一个经过特别装饰的车沿着街道，一路巡游运送到帕坦。据说红色观音是掌管下雨和丰产的神，是谷地农业生产中最为倚重的神祇。也正因为此，邦哥马蒂与帕坦之间修建了公路，以便可以用汽车运送红色观音。

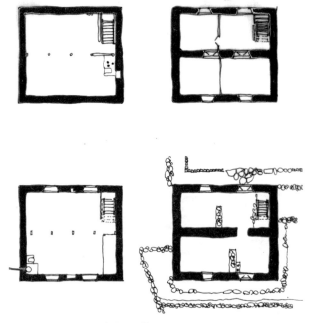

邦哥马蒂民居平面

广场周围的建筑是红砖建造的，连续不断的三层或者四层住宅。民居的平面布局真实反映了佛教寺院的最初形制。庭院是家庭的户外起居室与工作空间。这样的模式在邦哥马蒂以及所有的谷地尼瓦尔民居中都一再重复。

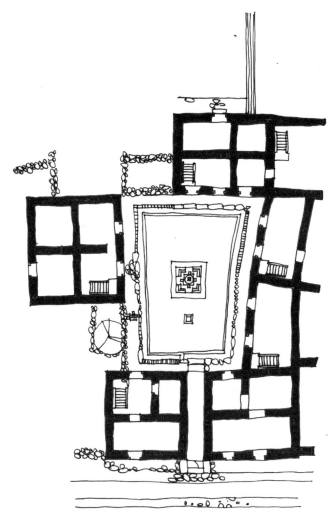

邦哥马蒂民居庭院平面

在每一所住宅建筑中，主建筑的一个立面是朝向街道的，另一面朝向庭院。庭院中间建有一座佛塔，周围是建筑围绕。房间内的天花板比较低矮，陡峭的木制楼梯连接各个楼层。厨房在最上层，尼瓦尔人的食物、水以及柴火都要搬到楼上。房间的内外两面都有窗户，分为前窗和后窗，用来通风和采光。侧面的墙体通常与邻居的住房公用，为实心砖墙。农民家里干净整洁，也很朴素。土地的地面和粉白的砖墙，室内几乎没有用来坐卧的家具，坐卧都用草垫子。厨房内的生活用品也非常简单，几乎都是陶制炊具，盛放物品的容器是用草编制的篮子。

尼瓦尔民居立面

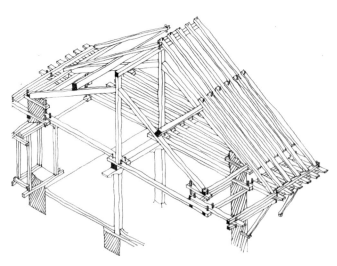

尼瓦尔民居屋顶结构

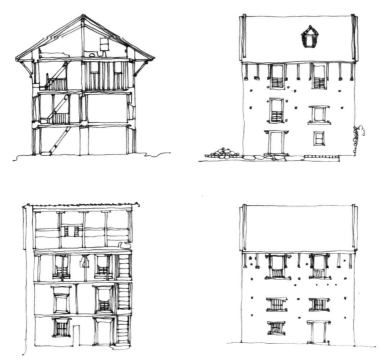

尼瓦尔民居剖面、立面

如果你在春天的时候到邦哥马蒂，会看见这里的街道用来晾晒、分拣以及储存重要的粮食。很显然，这里的人是将街道作为晒谷场使用的。也就是在观音庙广场的周围，你可以看见小米、豌豆、玉米以及其他粮食或者摊放在垫子上，或者就直接晾在石头地上。在神庙对面的水池里，妇女们正在洗衣服，她们将洗好的衣服就挂在神庙附近的窣堵坡和支提上晾晒。人们在广场上穿行，有人坐在坐垫上，在神庙廊子的阴影里聊天。男孩子们就坐在建筑入口的门厅之内，手里拿着书本和纸张，盘腿坐成一排，席地而坐。这里就是他们的学校。

第二章

阳光照耀的金门——加德满都谷地宫殿

远古时代，在鱼王神乘车出游的节日里，生长在天上，能遂人愿的树神也变作凡人模样前来参加节日庙会，不巧被一位法师识破抓住。法师在树神答应捐赠一棵巨树修造一间福舍之后才肯放他。四天之后，树神果然送来一棵树。法师请求国王批准后，便用这棵巨树修造了一间福舍。因为福舍是一棵大树的木料建成的，人们称之为"加德满都"，意思为"木头大厦"。

——《尼泊尔神话故事》

一、谷地宫殿发展源流

在本书的开篇，我们就已经知道，加德满都的历史是从居住着大蛇的湖泊、毗婆尸佛的莲花以及文殊菩萨的宝剑开始的。但是究竟什么地方是尼泊尔国王最初的行政中心，至今依然没有确切的史料依据。人们认为，谷地南部边沿一个叫廓达瓦里的地方是尼泊尔的第一座王宫"帕图克"王宫所在地，但是这里现在已经看不到任何宫殿遗存。据说在廓卡纳地方，曾经有一座由李察维王朝的马纳·蒂瓦国王修建的王宫，但是现在这里也一样没有建筑遗迹可供证明。

希瓦一世时期，尼泊尔政权从廓卡纳迁往帕坦，阿苏姆国王在那里修建了一座名叫凯拉斯库特的王宫。据史料记载，该王宫"是一座7层大厦，铜做的屋顶散发着金子般的光芒。阳台、走廊、柱子以及天花板上布满了精美的雕刻，镶嵌着五彩斑斓的宝石。议事厅里装饰着美丽的雕像，宫殿的四角，安放着鱼形包铜龙头。龙头在喷水时，犹如彩虹飞天，银泉泄玉。王宫顶层是一个可以容纳万人的大厅"。① 公元651年，中国唐朝高僧道宣在其《释迦方志》

---

① 张建明：《尼泊尔王宫》，军事谊文出版社，2005年版，第25页。

中，对这座王宫有明确记载："城内有阁高二百余尺，周八十步，上容万人。面别三叠叠别七层。徘徊四厦刻以奇异，珍宝饰之。"① 至于凯拉斯库特王宫的确切位置，根据尼泊尔一块643年的碑铭记载，就是帕坦老王宫北端的摩尼科沙瓦庭院，李察维王朝早期宫殿所在地。李察维王朝在兴衰更迭中持续了500多年之后，由马拉王朝取而代之。

马拉王朝也持续了500多年，王朝前期首都在巴德岗，是印度同中国西藏商业贸易通道必经之地。巴德岗有高大的围墙以及两座城门围护，著名的55

巴德岗的瓦特萨拉女神庙

窗宫，就修建于巴德岗的繁盛时期。亚克希亚国王还在巴德岗王宫西边的大门口修建了一座巨大的水池，期望他的国家在水的滋润下不断发展与昌盛。这位国王在城市的8个角上修建了8座母亲女神庙，期望女神保佑他的城池与国家能够千秋万代。

但是就在这位国王尸骨未寒之际，他的几个儿子就分别在加德满都、帕坦和巴德岗等地建立起了独立国家。三兄弟不仅在政治上争强好胜，在宫殿建筑

① 转引自张建明：《尼泊尔王宫》，军事谊文出版社，2005年版，第25页。

上更是相互攀比，极尽奢华以压过对手。在三个兄弟国家倾尽国力取悦于神祇并为自己营造宫阙的时候，却不知廓尔喀人的威胁已经悄然逼近。不知道是马拉王朝的不幸还是我们这些后世参观者的荣幸，马拉王朝的建筑艺术并没有随着王朝的覆灭而湮灭于历史，仅是站在了历史的背影里。

在 1868 年沙阿王朝建立之后，马拉王朝建立的宫殿以及高超建筑艺术较为完整地保留下来，至今向世人展示着王朝曾经的辉煌与其绝世的雕刻与雕塑艺术。

目前，尼泊尔全国有 8 处列入世界文化遗产名录的古迹，除一处为佛祖释迦牟尼诞生地蓝毗尼之外，其他 7 处古迹均在加德满都谷地，其中就包括三座老王宫广场建筑群。

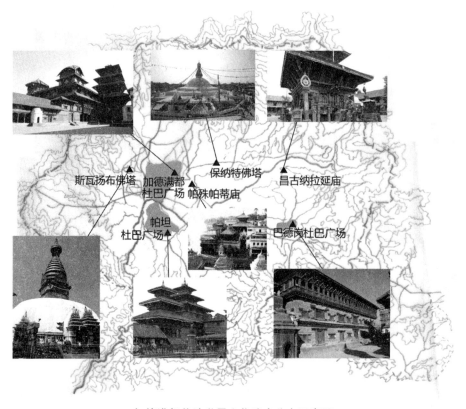

加德满都谷地世界文化遗产分布示意图

走进谷地三座王宫广场，我们就等于走进了尼泊尔的历史，走进了尼泊尔古代建筑艺术与雕刻艺术的宝库、也走进了尼瓦尔人社会生活的全景画卷。

宫殿在尼瓦尔语中称为"拉雅库"，专门指宫殿建筑。在加德满都谷地曾经作为首都的三座城市中，宫殿都是城市的中心，宫殿周围有较大的广场以及寺庙群围绕。从这里向外辐射出狭窄的街道，迷宫一般让人难辨方向，各色市场与作坊，就隐藏在深深的街巷当中。

即使从现在的建筑格局上，我们依然可以清楚地看到旧时尼泊尔宫殿建筑群的布局特点：一组带有庭院、相互连接的建筑，由多重檐的神庙或者瞭望塔在四周围护。因此，宫殿也多用"庭院"来称呼。这些带有庭院的宫殿建筑形式大约在公元5～6世纪就已经形成。公元406年，来自中国的高僧法显前往蓝毗尼朝圣，在他的记载中，就有"阿舒巴马修建了一个带有很多美丽庭院的杜巴广场"的记述。公元7世纪，唐朝使臣李仪表和王玄策陪同摩揭陀王国使臣赴印度，通过"芒域"（吉隆山口）抵达尼泊尔，造访了加德满都，并受到了国王的盛情款待。他也描述了加德满都谷地高耸的大厦。可惜的是，这些文字记录与现在的情形并不太相符，因为这里的建筑从平面到立面形式没

加德满都独木大厦

有一个不是经过改动的。在加德满都，可能只有伽师塔曼达帕宫，也就是独木大厦，可以称得上王玄策描写的那个"高大的、多重宫殿。"这个被称为"福舍"的公共休息室，就建在现在的加德满都王宫旁边。该建筑的底层拥有尼泊尔传统建筑中最大的厅堂，建筑的基本风格属于 12 世纪。

二、谷地老王宫

1. 帕坦王宫

到过加德满都谷地的人都会认为，在谷地的三座皇宫广场中，最令人印象深刻的要数帕坦王宫，这可能与一位帕坦国王的凄美传说故事有关。

在杜巴广场正对着德古·塔勒珠女神庙的国王柱上，是一位名叫纳伦德拉·马拉的国王雕像。传说他因为儿子早夭而心力交瘁，在为自己和儿子各立一根石柱之后，便将权力交给大臣，自己带着后妃共 31 人隐居在乡间。不幸的是，他本人也在不久之后遭人毒杀。他死前对大臣们说："只要我雕像头上的那只鸟不飞走，你们就相信我还活着。"国王去世之后，其后妃全部自焚殉葬。大臣们谨遵圣命，在王宫里一直为国王保留着一个房间，房间的窗户也一直敞开。但是人们还是认为国王头顶的小鸟总有一天要飞走，据说到了那一天，湿婆庙前驮着国王的大象会走到摩尼克沙瓦庭院北侧的水池龙头下喝水。

帕坦的国王柱

从城市设计的角度看，帕坦王宫建筑群与谷地上其他两个王宫所建的位置稍有不同，帕坦王宫修建在两条主要贸易路线的交汇处，王宫周围的整个区域都被称为曼果巴扎（市场）。在城市中心，一条南北走向的街道将老王宫分成宫殿和广场两个部分，街道东侧是王宫建筑群，街道西侧是杜巴广场。

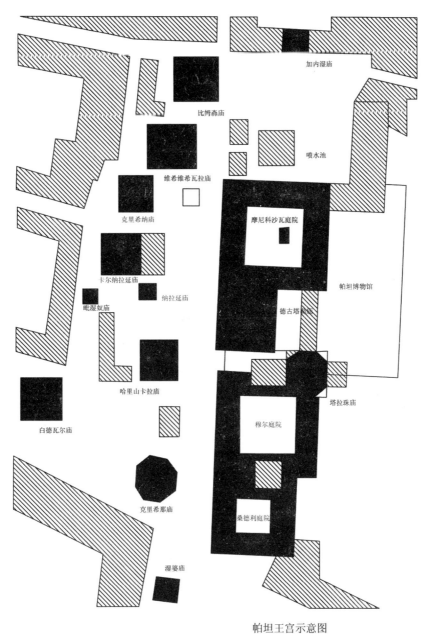

帕坦王宫示意图

帕坦王宫广场示意图

帕坦王宫在谷地三座王宫建筑群中保存最为完好，与原有的布局和建筑形制最为接近。帕坦王宫由两个主要部分组成：带有神庙与庭院的王宫以及建在王宫建筑前面的神庙建筑群。环绕在王宫与神庙周围的，是与王宫毗邻而建的住宅建筑。

　　王宫主体建筑整体上沿着南北轴线布置，包括三个带庭院的宫殿和一个塔勒珠神庙。尽管王宫面向广场的立面有100多米长，建筑本身却不显得非常巨大和突兀。3个带有庭院的宫殿并排而立，有塔式神庙点缀其间。三个庭院建筑之间并没有有组织的联系，看上去更像是独立的单元，也没有考虑与相邻建筑的关系。

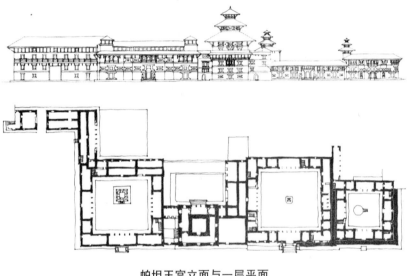

帕坦王宫立面与一层平面

　　王宫的每一座庭院建筑都有一个主要大门通向广场，较小的后门则通往花园。立面上的其他入口都非常狭小，尺寸不超过0.65 * 1.35米。因此，这些门的装饰功能要大大超过其实用功能，因为这些门背后的房间只能从庭院里进入。

　　尽管宫殿建筑的规模有所不同，它们的平面布局与功能极为相似。过去的宫殿建筑通常只有两层，那些现在是三层的建筑，很有可能是后来因为要增加居住空间而加建的。

　　杜巴广场上的神庙大小不同，形制各异，距离王宫远近也不一样，初看起来像是随意分布，显得杂乱无章。但是细心观察，你就会发现，每一座神庙的主入口和台阶都正对王宫，显然是精心规划过。这是因为每一座神庙都是由当政的国王捐建，以纪念他们的先父。因为修建的年代不同，神庙的风格也稍有差别。在杜巴广场上的神庙主要有两类，尼泊尔传统塔式神庙与印度西卡拉神庙。在广场上的 10 座神庙中，有 7 座为尼泊尔传统的塔式神庙，旁边是 3 座印度西卡拉神庙。

隔道路而立的神庙建筑群与帕坦皇宫建筑群既有建筑形制上的对比，又有色彩上的统一，宫殿的水平线条与神庙的垂直线条对比。中间的道路与神庙和宫殿比例协调，是观赏宫殿与神庙的最佳视点，构成宜人的空间尺度，使得杜巴广场更为和谐。

帕坦王宫与神庙关系

1）王宫建造历史

在第一章，我们已经了解，帕坦是谷地最古老的城市，但现在我们所看到的帕坦王宫广场，是在 15 世纪末到 18 世纪中叶修建，前后不到 300 年。根据尼泊尔编年史记载，大约在 16 世纪末，加德满都国王希瓦·辛哈·马拉国王在打败了帕坦国王之后，让其儿子哈里哈尔·马拉掌管帕坦政务，并在他赴任之前送给他一尊德古·塔勒珠女神雕像。该女神是印度教信仰中的家庭女神，希瓦国王是希望女神能够保佑其儿子在帕坦的长期统治。哈里哈尔便在古代王宫的遗址上修建了一座德古·塔勒珠庙，将其父亲赠送的女神像供奉其中。这大概就是帕坦王国初期修建的第一座王宫。

国王本打算只修建一个 4 层高的建筑，但是在一场大火将其付之一炬之前，神庙已经达到了 5 层高。目前该神庙是帕坦王宫建筑中最高大的塔庙，连接着三个王宫庭院。该神庙里保留有一个专门为国王静修而修建的房间，他可以隐退在这里思考、祈祷和诵经。在此之前，帕坦的先王们已经在杜巴广场建立了供奉毗湿奴的卡尔纳拉延庙。

帕坦德古·塔勒珠女神庙

　　现有研究表明，帕坦王宫所有建筑的历史都不是很长，不会早于 17 世纪。大部分的宫殿是在希达·纳拉·马拉国王（1620 ~ 1660）以及师利那瓦萨·马拉国王（1660 ~ 1684）时期成形的。这些建筑或者在旧有的建筑基础上改建，或者将旧有建筑拆除以新建筑替代。

　　希达·马拉国王非常富有才华，是诗人、剧作家以及艺术爱好者。在他统治期间，他将王宫进一步扩建，在德古·塔勒珠神庙北边李察维王宫的遗址上修建了摩尼克沙瓦庭院，在德古·塔勒珠神庙南面修建了一座王宫花园。在杜巴广场北端的湿婆神庙前石雕大象的乘骑者，就是神庙捐助者希瓦国王本人的形象。

　　三座宫殿建筑中最南端的桑德利宫完工于 1627 年，是希达·纳拉·马拉国王及其家人的宅邸。庭院中心的图萨海蒂（浴池）为八角形，用来表现国王对于雨神，8 个蛇神的供养。因为该建筑非常漂亮，国王将其命名为桑德利宫，意思为"壮丽的庭院"。

帕坦桑德利庭院浴池

希达·马拉王国的儿子师利那瓦萨·马拉国王同其父亲一样，也是一位诗人，并且同样热衷于建筑与艺术。1660 年，师利那瓦萨·马拉国王在德古·塔勒珠女神庙的南面修建了穆尔庭院，作为供奉女神杜加的场所。在庭院中，他还修建了房屋保护神依斯坦蒂瓦的琉璃圣龛。在建筑两侧翼的一个由两层建筑围绕的庭院里，居住的是宫廷祭司。庭院里每年都进行各种舞蹈和庆典，帕坦的居民也会受邀进入观礼。

帕坦穆尔庭院

仅在 1 年之后，师利纳瓦萨·马拉在穆尔王宫的南边又建起了一座神庙，用来供奉神秘的住房女神阿加蒂瓦。今天，通往神龛的门依然由几乎和真人一样大小的镀铜恒河与朱穆拿河女神守卫。

1671 年的时候，在穆尔王宫北翼，师利纳瓦萨国王修建的塔勒珠女神庙完工。这座神庙的外观与宫殿相仿，是一个三层楼建筑，屋顶的四个角被抹去，成为了一个八角塔，形式非常美观与独特。

宫殿最北边的庭院今天被称为克沙纳拉延宫，大概是在师利纳瓦萨统治时期的 1675 年开始修建的，到 1734 年的师利毗湿奴·马拉国王时期完成。这座宫殿是国王的居住区，修造非常迅速，据说真正用于修造神庙的时间只有大约 3 个月。

因为扩建宫殿必须迁移临近的佛教寺院奥库寺，引起了宗教上的麻烦。惧怕神灵的统治者不愿触犯任何神祇，国王就在附近重新修建了一座佛寺，就是今天的孓寺，也称为大佛寺。从此之后，在某些特定的节日期间，佛陀的塑像会被放置在一个铜质的匣盒中，放置在宫殿的金色窗户之下，用来供奉。

1737 年的时候，毗湿奴·马拉王国在穆尔庭院的西面建造起一座塔勒珠大钟之后，帕坦王宫广场格局基本成型，一直保持到今天。

帕坦塔勒珠大钟

2）主要王宫庭院

桑德利庭院——这是帕坦保存较为完整的庭院，位于宫殿建筑的南面，进入该宫殿要穿过位于中轴线上的大门进入庭院，大门由两个石雕把守，左边的是象头神甘尼沙，右边的是纳拉新哈。古时候，这里是国王与王后的生活区，也是帕坦王宫庭院中最小的一座。庭院比街道平面要低，但是走道要高于地面。这条通道大约有1米宽，庭院地面铺设石板。庭院中间是国王们沐浴的椭圆形石雕露天水池，占地四五平方米的样子，深约2米。北面的水口是琉璃瓦的，水龙头为铜雕。水池南端有一个9层台阶通到池底，南墙下还有一方石塌。国王与王后沐浴净身之后，便在石塌上打坐静修。这座浴室可以称得上是谷地最漂亮，雕刻最精美的王宫浴室。水池边池沿的两侧，分别竖立着11对花瓣形状、雕刻有不同神像的石板，池壁两厢嵌有许多壁龛，共镶着86块石雕神像。石雕风格为中世纪印度造像所崇尚的艺术风格，追求繁复、变化、夸张的手法，其中的神祇是多头和多手臂。

庭院四周的房间、敞厅设有出入的门，从窗户里可以俯瞰庭院。底层房间作牲口棚、军火库、神龛以及宫殿卫兵的门房。四部楼梯分别位于建筑的每一个角落，通往楼上，每一部楼梯都通向狭长的房间。房间的长度与宽度与宫殿一侧的长度与宽度相同，房间之间的交通没有严格的规划设计，门与走廊也没有相互连接。其中有四个房间是独立存在的，构成四个独立区域。

该庭院建筑的三层是后来加建的，有个带有环形栏杆的阳台，就像是一个狭长的走廊，可以连接不同的房间，功能与二层的走廊一样。第二层的四个房间应该是起居室与卧室，三层则是厨房和餐厅。屋顶下面的空间非常小，无法利用。

宫殿的窗户很小，房间的层高不到2米高。当西方人首次看到狭窄的楼梯以及露天的浴池时，他们觉得尼泊尔国王的生活条件就像是他们中世纪时的国王一样。国王的室内的家具与普通百姓也没有什么太大的区别，只不过他们的坐垫、靠垫、地毯、箱子比富人的家俱要稍微精致一些罢了。

帕坦桑德利宫平面

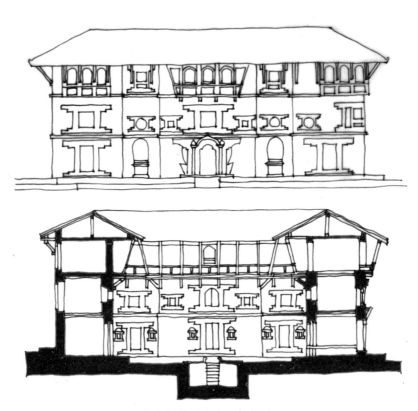

帕坦桑德利宫立面与剖面

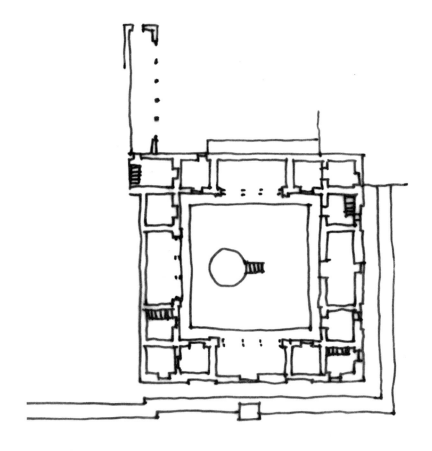

帕坦桑德利宫庭院平面

　　穆尔庭院——谷地的三座王宫中都有"穆尔"庭院，"穆尔"在尼泊尔语中是"主要"的意思，这里通常是古代王室举行宗教仪式的地方。帕坦的穆尔庭院是一个两层楼围合的四合院，在院内与院外的斜撑上，有谷地三座王宫建筑中最好的雕刻。庭院中央有一座 3 米高的金色小神庙，四面辟门。在古代，每逢尼泊尔最隆重的的节日德赛节时，市民们就将活女神库玛丽从女神之家请到这里，让她蜷身在小庙中，供人们膜拜。在庭院南面有两个精雕细刻的门，门口竖立两尊与真人同高的铜雕鎏金水神恒河与朱穆拿河。

帕坦穆尔庭院入口的河神

克沙纳拉延宫

　　克沙纳拉延庭院——该庭院位于王宫北端，入口处有两只巨大的石狮子守卫。现在这里被辟为帕坦博物馆，其中陈列的雕刻艺术品最为精彩。该宫殿的改建由尼泊尔政府与奥地利政府合作进行。庭院中某些部分是新加建的，某些则经过改建，以适应展出要求，但是在最大程度上保留了庭院的原貌。此宫殿

克沙纳拉延庭院 + 克沙纳拉延宫 + 克沙纳拉延改造

面对杜巴广场的立面上，有一个著名的三联窗，两侧的窗框、窗棂都有精细的雕刻，中间的那扇窗户，是鎏金铜雕神像，这就是著名的金窗。在旧时，这扇窗户是关闭的，只有当国王来参观此广场上的景观时，才将窗户打开。现在，每当有外国政要来访，开窗向外观看，已经成为一个礼节性的参观项目。

2. 巴德岗王宫

巴德岗是加德满都谷地最早形成的村落，始于公元 8 世纪。李察维王朝以后，巴德岗逐渐成为了商业城市。巴德岗修建王宫的历史比帕坦要长，13 世纪时，马拉王朝定都巴德岗，在此后的一二百年间兴建了王宫和众多神庙。据说在亚克希亚·马拉国王当政时，他动用全城的居民修筑城墙，在城墙之外又深挖护城壕，在城墙上修建岗楼，将巴德岗筑成了一座坚固的城堡。15 世纪末，马拉王朝分裂之后，巴德岗成为独立王国的首都，直到 1769 年巴德岗陷落。在长达 500 多年作为首都的历史中，巴德岗修建了各具艺术特色的宫殿与庭院，神庙与水池，被誉为"中世纪尼泊尔艺术的精华与宝库"，而最能够代表巴德岗古都风貌的杜巴广场，还被西方学者誉为"露天博物馆"。1929 年，英国人鲍维在《神秘的最后家园》中写到："在尼泊尔的任何地方，只要巴德岗的杜巴广场依然保存着，就值得跨越半个地球进行一次旅行。"①

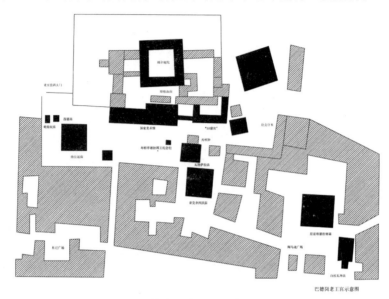

巴德岗王宫广场示意图

巴德岗王宫广场大门

---

① 巴德岗市政府旅游宣传手册。

巴德岗全城共有三座城市广场，最大的是王宫所在地杜巴广场。因为开发较早，巴德岗的杜巴广场规模很大，是谷地三座王宫广场中最宽阔的，据说广场上曾经建有12到99个宫殿之多，现在只有6座宫殿建筑仍然保存下来。在这六个宫殿建筑中，有3座宫殿依然保留原来的方形庭院，它们是库玛丽庭院、穆尔庭院以及巴拉维庭院。另外两个位于西边的宫殿建筑显然是重建的，但是由石雕神祇把守的宫殿入口，还是原物。

与帕坦的杜巴广场不同，在1934年地震之前，巴德岗杜巴广场曾经有3组寺庙建筑群，一个在宫殿前面，一个在东面，一个在西南。三层高的湿婆神庙建在5层高的台阶之上，统领着东边的寺庙，兽主庙统领中间的神庙，西南组群的首领是克里希纳庙。巴德岗王宫位于城市的北沿，刚好避开城市最重要的贸易道路。这条路由东到西，画了一个很大的弧度之后穿过城市。城中有几条主要小巷通向宫殿建筑群，还可以连接到巴德岗的另一座城市广场陶玛蒂广场，在那里竖立着巴德岗的标志性建筑，5层高的尼亚纳塔颇拉神庙和拜拉布庙。距离陶玛蒂广场不远处的达塔特雷亚广场，是以达塔特雷亚神庙命名的，据说该神庙也是用一棵大树的木材建造起来的，神庙中供奉的是集湿婆、梵天与毗湿奴为一体的神达塔特雷亚，这也是尼泊尔惟一的一座供奉该神的庙宇。

与谷地另两座杜巴广场不同，现在巴德岗的杜巴广场上没有塔式神庙，很多神庙零散分布在街巷之中，因此广场显得开阔很多。广场的北侧是旧王宫庭院，著名的金门是王宫的入口。金门东边便是著名的"55窗宫"，是巴德岗最重要的宫殿建筑，它与西边的白色建筑一起，构成尼泊尔国家美术馆，主要陈列尼泊尔古代不同时期、不同宗教、不同风格的优秀雕刻作品和绘画作品。那扇被认为拥有加德满都谷地最好的孔雀图案的木雕窗户，位于广场东南角的一座不起眼的修道院外墙上。

1）王宫建造历史

巴德岗王宫建造的开端与尼泊尔历史上最负盛名的亚克希亚·马拉国王有关。据说巴德岗的"55窗宫"、杜巴广场东南角上的亚克舍希沃神庙以及达塔特雷亚神庙，都是由他建造的。在此之前，他的父亲已经在陶玛蒂广场修建了拜拉布神庙。

与谷地另外两座城市王宫的建造历史相似，虽然巴德岗开发较早，但大规模的宫殿建设，也是在马拉王朝分裂之后，作为一个独立小王国时期开始的。传说在亚克希亚·马拉国王死后，其长子因没有得到塔勒珠女神的"密咒"，便于 1842 年在巴德岗自立为王。在古代，接受塔勒珠女神的密咒是获得王权的标志，而密咒通常是由长子获得的。这便是导致尼泊尔长期三国混战的主要原因。在这个时期，虽然零星的宫殿建设一直持续，但直到 17 世纪末的布帕亭德拉·马拉国王时期，巴德岗的宫殿才形成较大规模。

1553 年，维斯瓦·马拉国王在"55 窗宫"的北面修了建体量庞大的塔勒珠女神庙以及许多庭院，其中可能包括穆尔庭院，因为塔勒珠女神庙也被称为穆尔宫。几年之后，该国王又将广场上的达塔特雷亚神庙改建为三层，并在神庙门口竖立起力量为常人 10 倍的贾亚玛尔以及帕塔雕像，还竖立了一根石柱，顶端安放大鹏金翅鸟雕像。

金翅鸟雕像柱

1580 年建成的巴拉维宫也被称为萨达湿婆·马拉宫，因为当时的国王曾经被囚禁在这里。

1662 年，加噶普拉卡沙·马拉修建了春城宫。这是专门为皇后的休闲娱乐而建的游乐场，就在现今宫殿的最西端，由两个石狮子标志其建筑遗址，现在这里是帕德玛高级中学。

1677 年，在穆尔王宫西面的伊塔王宫得到了修复，里面还修建了一座水池，国王本人可以亲自到这里打水。水池边有一段铭文，禁止周围一切可以导致庭院周围不洁净的东西。铭文上写着："不允许洗衣服、撒尿、或者扔泥巴，如果要进行修缮，应该由国王负责实施。"

在长达 300 年的巴德岗王国历史上，最热衷于修建庙宇和宫殿的国王是布帕亭德拉国王，现存的王宫建筑基本上都是他主持兴建的。1697 年的时候，布帕亭德拉·马拉重新修建了已经相当华丽的"55 窗宫"，目的是让每一个皇室成员都有一扇窗户可以向外眺望，让来巴德岗的外国人发出赞叹。他的确做到了。他还为这 55 扇窗户装上了从印度带回的玻璃。由于 1934 年的大地震时这个建筑受到了损坏，在后来修复的时候，对三楼突出的阳台进行了修缮，现在的阳台已经不像从前那样出挑而狭长了。

巴德岗马拉提宫庭院入口

马拉提宫

　　这位国王还完成了他的父辈没有完成的很多宫廷建筑的改建和加建，不但穆尔王宫以及庭院得到了翻新、他还将塔勒珠神庙的屋顶变成鎏金铜皮顶，并上面加了金色的宝顶。

1707 年，该国王修建了马拉提宫，用神猴哈努曼以及纳拉辛哈石雕为其守卫入口。这里现在是尼泊尔的国家艺术馆。也是在同一年，宫殿西端，通往春城宫大门口两头狮子的旁边，又放置了乌拉昌达与巴拉瓦的雕像，这两尊雕像分别是湿婆的化身以及湿婆的配偶。现在这两个雕像依然存在，守卫着庭院的入口。

春城宫湿婆雕像

　　布帕亭德拉在位的时候是巴德岗的鼎盛时期，他当政时，巴德岗的王宫庭院达到了 99 个，远远超过谷地其他两座王宫庭院的数目。可惜由于岁月侵蚀以及 1934 年的地震，现在巴德岗只保留下 6 座庭院。当拉那杰·马拉国王 1722 年即位时，马拉王朝已经走向末路。拉那杰·马拉也喜欢建筑，他在王宫内增添了很多门户与庭院，金门或称为太阳门，就是他主持制作的。

　　在"55 窗宫"旁边，悬有一口大钟，是加德满都谷地第一大钟，名为"犬吠钟"，因为大钟一响，附近的狗都会随之狂吠起来。这口钟是拉纳杰国王于 1737 年建造的，建造大钟的本意是为城市遭到敌人入侵或面对危机时鸣钟召集市民开会之用，后来则用于礼拜塔勒珠女神期间每日敲响两次。

巴德岗犬吠钟

不幸的是，1934年的大地震将很多王宫建筑夷为平地，宫殿周围的建筑物也都损失惨重。因为巴德岗的王宫地位不再，很多受损严重的神庙和福舍再也没有重建。

2）主要王宫庭院

"55窗宫"——该宫是加德满都谷地宫殿建筑艺术的代表作，初建于1427年，由亚克希亚·马拉国王修建。但是其后代布帕亭德拉国王还不满意，又于1699年重建。该建筑现为四层，是王宫的中心建筑，国王在这里理事与生活。尼泊尔的史书中曾经有这样的记载："他兴建这座宫殿的目的是要使它比加德满都的王宫更为华丽，连当时到尼泊尔访问的外国旅行者都无不为这座宫殿的优美而赞叹。"在这座宫殿的墙壁上，有国王亲手绘制的壁画，显示了这位国王的多才多艺。在闻名遐迩的55扇紫檀窗户上，雕刻着精美的图案，镶嵌着不同色彩的宝石。

3. 加德满都王宫

加德满都老王宫被称为"哈努曼多卡"，意思是神猴门，因为宫内侧立神猴哈努曼而得名。这个名字也被用来称呼整个宫殿区域。加德满都宫殿区从南面的维萨坦普尔到西面的玛路拓，再到哈努曼门，从这里进入宫殿，再向北可以便可以到达玛坎宫。

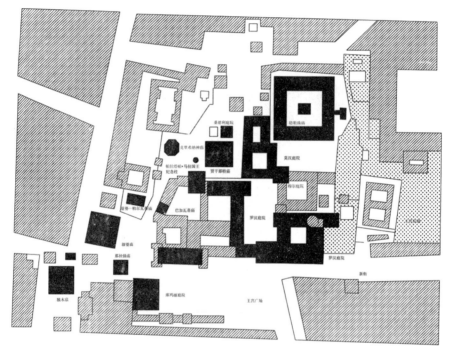

帕坦王宫示意图

加德满都王宫广场示意图

加德满都是在 200 多年之前才成为尼泊尔首都的，由于近代一直是政府所在地，这里比其他两座旧王宫更具重要性，当然也更有理由进行扩建和改建。正因如此，这里的王宫更多失去了往日的原貌。

沙阿王朝时代的传统建筑风格让位给了拉纳家族统治时期引进的西方建筑理念，我们可以从纳萨尔宫、莫汉宫、桑德利宫的立面上，看到大约流行于1890 年代的阿拉伯风格，又有来自英国的新古典主义风格。这里的新式建筑也多为砖砌，用石膏装饰和白灰粉刷，试图与杜巴广场的其他建筑风格保持协调一致，因为这里多数旧式建筑也是用石膏装饰成白色的。

加德满都哈努曼多卡宫

1934年地震之后，王宫东面建造了集会广场与城市连接，使得王宫不再与旧时的市场街道相连。这条街道在过去是穿过加德满都谷地中心的东西向街道，这样也使得王宫庭院的大部分连接到了旧城的边缘。

1）宫殿建造历史

根据当地的编年史记载，加德满都的城市建筑设始于李察维王朝后期的古纳·卡玛·蒂瓦国王时期（949～994）。据说这位国王依据女神的启示，为了兴建城市，每天要花掉10万卢比，一共修建了18,000多所房屋，包括许多庙宇。但是加德满都王宫形成规模，是在马亨德拉·马拉国王时期。与谷地其他王宫建筑形制一样，加德满都王宫基本上是一个个围绕庭院的宫殿。据说20世纪初期，王宫还有庭院20多个，现在就只剩下10个了。至于加德满都王宫何时开始建造，以及它最初的模样，已经不为人所知。现在的建筑大多是300～400多年之前修建的，由于不断的营建以及改建，其宫殿布局与面貌一直在改变，除了马亨德拉·马拉国王（1561～1574）建造的穆尔宫之外，早期建筑都已经不复存在了。

1560年，马亨德拉·马拉国王在加德满都登上王位。据说他是一位道德高尚，爱民如子的国王，他每天从宫殿的窗户里看到家家有炊烟飘出，确定百姓有饭吃之后，才肯自己吃饭，加德满都也由此进入了宫殿建设的黄金时期。

大约是在1564年，马亨德拉国王修建了穆尔庭院。该庭院是宫殿区中最重要的庭院，除了重要的宗教仪式之外，这里也是新国王加冕的地方。在新建穆尔庭院的同时，他在杜巴广场的北面，祭司们居住的特里苏尔庭院内，修建了塔勒珠女神庙。该神庙高 36.6 米，是谷地三座马拉王宫的塔勒珠神庙中最著名的一座，也是尼泊尔最高大的塔庙。

在马亨德拉国王之后的再一次大规模兴建，是在帕拉塔帕·马拉国王时期。纳萨尔庭院被认为是该国王修建的，但具体的修建年代不清楚。这个庭院是皇家音乐舞蹈表演的场所，也定期用作国王与臣民之间会晤的地方。到了沙阿王朝时期，这个庭院的重要性进一步提升，除了进行庆典活动，新国王的加冕也在这里进行。

纳萨尔庭院北面的莫汉庭院修建于 1649 年，是为国王和其家人修建的住所。据说这座宫殿有一个内院和四个角堡，现在还可以看到 3 个。后来的沙阿国王对该庭院进行了修缮，使其更加现代化。

事实上，加德满都王宫的名称哈努曼多卡也是从这位国王开始的。1672 年，为了使王宫大内免于鬼魅与疾病的侵扰，帕拉塔帕国王塑造了神猴哈努曼雕像，竖立于王宫入口处，宫殿也因此得名。在神猴宫的御花园里，他还仿照尼拉坎塔神庙的样子，修建了雕刻有毗湿奴仰卧于盘绕的大蛇纳加身上的水池。

神猴哈努曼

在沙阿王朝定都加德满都之后，普里特维国王袭用了马拉王朝的哈努曼多卡王宫。与马拉王朝的国王们一样，沙阿国王们也热衷于宫殿建设，对王宫进行了一定规模的扩建，使其形成了现在的规模与格局。

普利特维国王在统一了谷地之后，首先将纳萨尔庭院里马拉王朝修建的巴萨塔普尔塔楼由 4 层增加到了 9 层。他的儿了又增建了三座塔楼，这四座著名塔楼分别代表帕坦、巴德岗、加德满都以及科特普尔。由四座塔楼围合成的新庭院被称为巴萨塔普尔，也称为罗汉庭院。

1757 年的时候，当时的活女神库玛丽要求普利特维国王为库玛丽修建一个永久性的住所，以便使她们有固定的家。因为在此之前，虽然历朝国王都在王宫里供奉活女神，却没有一个专门的庭院供其居住。国王答应了库玛丽的请求，只用了 6 个月便在杜巴广场的最南面建起了一座库玛丽庭院。该庭院类似佛教僧院，中间是天井，四周为三层建筑围合，大门朝北。200 多年来，加德满都的活女神一直住在这里，人们偶尔可以从庭院的雕花木窗间一睹活女神的风采。

库玛丽庭院

活女神库玛丽之家

　　普利特维的孙子拉纳国王还在王宫广场上修建了一座贾甘纳特神庙，该神庙与帕坦的卡尔纳拉延庙、巴德岗的亚克希沃神庙一样，被称为性庙，是最吸引外国游客的地方。该神庙的斜撑与砖雕均为露骨的性爱场面，也包括动物的交配场面。对于其中的含义，有人认为是表明性爱是人之常情，也有人认为是告诫人们戒除贪欲。无论如何，有这类装饰的神庙是尼泊尔人对于生命认识的独特表达方式。

　　该国王还在广场西边修建了一座的湿婆－帕尔瓦蒂神庙。在神庙最高层的雕花木窗里，露出了湿婆与帕尔瓦蒂的半身塑像。他们探身窗外，像是在观看杜巴广场的活动，又像是在窃窃私语，是广场上引人注目的亮点。

性庙雕刻

湿婆－帕瓦蒂庙

在湿婆－帕尔瓦蒂神庙北侧，国王也在杜巴广场竖立起一口大钟，只在敬拜塔勒珠女神时才敲响，据说浑厚的钟声是用来驱除邪魔的，广场由此显得更加完美，王宫的建造工程也就此完成。

2）主要王宫庭院

穆尔庭院——该庭院位于王宫建筑群的东面，院门朝西，历史上曾经是马拉国王加冕、婚礼以及首相任命的地方。宽敞的正方形庭院周围是两层楼高的建筑，一层是开放的敞廊，南边的房屋是马拉国王的住宅。庭院中央有很多矮柱，是每年德赛节宰生祭祀时宰杀水牛与羊的地方。庭院南面有座小型女神庙，庙门两侧立着真人大小的孪生姐妹雕像，门楣上雕刻塔勒珠女神像，门窗都贴着金箔。庭院西侧殿堂内的三尊塑像是国王普利特维与他的两位王后。至今，尼泊尔最大的节日德赛节献神花、敬难近母女神等重要活动均在这个庭院里进行。

加德满都穆尔庭院

纳萨尔庭院——该庭院在加德满都老王宫庭院中最大，因东侧的一个小神庙纳萨尔希瓦得名。这个庭院是王宫剧场，是进行歌舞表演，也是国王接见臣民的场所。庭院中央有一个方形石台，是马拉王朝时期歌舞艺人表演的舞台。在沙阿王朝时期，国王的登基、加冕典礼以及重大的宗教活动都在这里进行。

庭院北面建筑的一层敞厅里，悬挂着历代马拉国王的画像，是马拉王朝时期的觐见厅。马拉国王的宝座依然安放在一个显眼的位置。庭院的西侧与南侧，是白色联体4层西式楼房，第二层曾经是国王办公室。庭院东北角有一座巴萨特普尔塔，现在为9层，在最初修建时为四层。每一层都有不同的功能：第一层是马拉国王们登基的地方；第二层是国王的接见大厅；第三层是王后们居高临下，凭窗观看歌舞的地方，最高　层是国工在吃饭前俯视全城的地方。

加德满都纳萨尔庭院

莫汉庭院——该庭院位于纳萨尔庭院北部，是帕拉塔帕国王于1649年兴建的，为马拉国王的寝宫，也是国王会见贵宾、进行会谈和签订条约的地方。除了国王与王室成员，他人不得进入。只有在这个庭院里出生的王子才有王位继承权。

庭院四周为三层高建筑，四角有角塔。西侧的底层有著名的莫汉佳丽女神像。19世纪时经过拉钱德拉·沙阿国王的修缮，这座建筑更显现代。庭院里最具特色的石雕浴池修建于17世纪，池壁上安装的是金质的水龙头。水龙头里流出的水，是从9公里之外的地方引来的。这在17世纪是相当了不起的工程。国王们每天清晨从寝宫出来，就下到这个地面以下3.5米深的浴池中，站在金质水龙头下沐浴，然后登上池边一个巨大的石雕宝座，进行早上的祈祷。

加德满都莫汉庭院外墙

三、谷地王宫建筑特征

走马观花地在加德满都谷地的三座杜巴广场匆匆而过，游人都会认为三座杜巴广场并没有什么区别，无非是王宫庭院、广场上众多神庙以及不知道名称的各种多头多臂神像，也许印象最深刻的倒是某些神庙上刻划大胆的性爱场景。事实也是如此，三座城市相距并不远，都是在马拉王朝时代开始修建的，是三座兄弟城市，而且各自占据着国内的交通要道。这三座城市不仅功能相似，连主要建筑和城区布局也相似，甚至宫殿建筑的数量与分布，神庙的形制与数量都犹如相互复制一般：城市的基本格局都是以公共广场为中心，周围分布王宫、行政建筑以及神庙。广场是整个城市道路的汇集点以及城市生活的中心。因此，我们很容易就可以从三座王宫广场的平面布局上总结出尼泊尔宫殿建筑的主要特征。

1. 以神庙为统领的宫殿

从以上描述中我们已经知道，所谓的王宫，其实并不是独立存在单纯宫殿建筑，而是依托城市公共广场，包括广场上各类神庙建筑、神祇雕像、福舍与附近民居建筑在内的建筑群组合，这也就是为什么尼泊尔王宫通常被称为杜巴广场。因为在这里，宫殿与广场上的神庙以及其他建筑是一体的。

必须说明的是，虽然叫做王宫广场，但王宫建筑永远也没有广场上的神庙建筑引人注目。可以说，三座王宫建筑群都是与神庙互为背景的，甚至是以神庙为主导的，是神庙在统领整个王宫广场。我们可以通过历数王宫广场上的神庙类别以证明。首先，三座杜巴广场都有大黑大克里希纳庙、独木庙、象头神甘尼沙庙、湿婆神庙、毗湿奴庙、纳拉延庙、萨拉瓦蒂庙、塔勒珠女神庙、活女神库玛丽之家以及黑神与白神庙等。其中的某些神庙要么是谷地中最高大的，如加德满都的塔勒珠女神庙；要么是建筑风格最为独特的，如帕坦的克里希纳神庙；要么是屋檐层数最多的，如巴德岗的五重檐塔庙尼亚塔颇拉。

这一点很好理解，因为国王是世代交替的，神却是永世长存的，只要人们的信仰存在，神庙就永远会在数量、质量以及规模上超过国王的宫殿。国王通常也乐见于此，以显示其对神的虔诚，并期望得到神的庇护。

虽然已经有很多神庙的庇护与环绕，王宫依然需要家神的保佑。因此，每一个宫殿最重要的建筑，也是开国的君王最早修建，复建与改建次数最多的建筑，就是塔勒珠神庙。也许因为塔勒珠是国王的家神，谷地的三个宫殿建筑中，塔勒珠神庙都建在某一个王宫庭院的一角，成为统领王宫建筑的制高点与标志，有时还起到连接各个王宫庭院的作用，以期连带护佑所有的王宫建筑。可否这样说，宫殿本身就是神庙与住宅的组合体。可能是出于竞争与争宠的心态，王宫的塔勒珠神庙建于不同时期，形制也会多次改变。在巴德岗，塔勒珠神庙修建于1553年，在"55窗宫"北面，围绕两层建筑的庭院，形制与1324年修建的佛教寺院相似；帕坦的塔勒珠神庙建于1671年，以一座普通的三层住宅建筑为基础，之上又建筑了三重檐塔式金顶神庙；在加德满都，塔勒珠神庙也是三重檐，但它建在一个有12级台阶的平台之上，其基础至少也是1548年之前的。

2. 以庭院为中心的宫殿

尼泊尔的宫殿建筑与尼瓦尔民居建筑一样，平面布局与佛教寺院非常相似，据说就源自佛教的精舍，只不过王宫比民居要精致与考究很多。我们知道，典型的印度佛教精舍称"毗哈尔"是以庭院为中心的，正方形的庭院四周是供僧人起居的僧房。加德满都谷地的尼瓦尔民居建筑均采用这样的建筑平面：房间围绕着庭院修建，每一个房间都是内向的，朝向庭院，每一部楼梯都只通向各自的居住区域，每一个建筑都建有自己的神龛。如果我们忽略宫殿立面的装饰，就会发现，宫殿建筑的每个部分都与当地佛教寺院的侧翼很相似。佛教寺院基本上是两层高，但是王宫建筑通常要比佛教寺院层数多，以三层为主。宫殿与普通民居的区别，主要在于入口的大小与建筑立面装饰和窗户的精致程度。

比较三座王宫建筑，我们会发现，这里的宫殿很少以"宫"命名，更多的是用"庭院"称呼，比如每座王宫中都有的"穆尔庭院"，加德满都与帕坦王宫都有的"桑德利"庭院与"莫汉庭院"、加德满都与帕坦都有供后宫嫔妃娱乐的春城庭院等。通常最早修建的庭院都是"穆尔庭院"，因为"穆尔"的意思就是"主要"的。穆尔庭院是王宫主体建筑，是举行重大王室庆典与宗教活动的地点，塔勒珠女神庙通常建在这个庭院的某个角上。

王宫庭院的重要性还体现在寝宫庭院内多开辟一方水池，如加德满都王宫中带有水池的是莫汉庭院、帕坦是桑德利庭院、巴德岗是伊塔庭院等，这也是宫殿建筑与佛教寺院和民居建筑的主要区别。在尼泊尔佛教寺院中，庭院中央多竖立窣堵坡或者被称为"支提"的中心佛堂；在尼瓦尔民居建筑中，庭院则多为红砖铺地，是居民户外活动与交通的场所。尼瓦尔民居中通常不设水池，水池作为公共设施，只设在广场上，供居民汲水与洗濯。

由于印度教信仰，水在尼泊尔有非常神圣的地位，王宫庭院中的水池当然是皇家高贵身份的标志，是特权的象征，也是王宫装饰的重点和亮点。

巴德岗王宫庭院水池

3. 以金门为入口的宫殿

"金门"是对谷地王宫主要建筑入口的称呼，因为大门的门框、门头以及顶部的装饰均为铜质镀金，雕刻精美，富丽堂皇。谷地的三座王宫均有金门，但是其通往的庭院有所不同。加德满都的金门是哈努曼多卡宫的大门，通往纳萨尔庭院；帕坦王宫的金门是桑德利庭院的大门；巴德岗的金门是"55窗宫"西侧的人门，也被认为是谷地最漂亮的金门，是尼泊尔艺术中最为精彩的一页。

哈努曼多卡宫的金门左右为一对石狮子把守，狮背上分别骑着湿婆与其配偶法力女神。金门上方有三组木雕群像，右边的木雕是幻化作牧人的黑天神与两位牧牛姑娘翩翩起舞的场景；中间是千手千面的薄伽梵神像，源自印度古代史诗《摩诃婆罗多》；左边是国王弹琴图，上面雕刻的国王据说就是神猴门的修建者——帕拉塔帕国王。

巴德岗的金门高约8米，全部为鎏金铜铸，光彩夺目，是尼泊尔最高铸造工艺水平的代表。上方半圆形的门头是湿婆与其配偶女神卡里以及毗湿奴的坐骑大鹏金翅鸟形象。门楣四周均有构图精美的图案装饰。

巴德岗金门

帕坦金门

4. 以国王柱为标志的宫殿

如果我们不将杜巴广场上的国王雕像也包括在王宫建筑之内，王宫建筑群绝对称不上完整。在谷地的三座王宫建筑群中，最能引人遐想的大概是王宫门前、盘踞于高高的石柱之上的铜人。国王雕像柱出现在马拉王朝后期，但国王们在世时就竖立自己的纪念雕像，并使之与自己的宫殿相对而立，是马拉王朝宫殿建筑的又一特征。在谷地的三座王宫前，都有马拉国纪念柱。石柱上通常跪立一身穿金色衣裳的人像，其身后为一立起的眼镜蛇为其守护，当然也有国王与王后纪念柱。国王是宫殿的修建者，更是神庙的捐助者。面对着塔式神庙中供奉的神祇，国王的表情是虔诚而卑微的，祈求神灵庇护的心意是持久而真诚的。

在帕坦的杜巴广场上，正对着德古·塔勒珠女神庙有两个石柱，一个是约加纳伦德国王，一个是其早夭的儿子。这个国王的镀金铜像与其他两个王宫广场石柱上的国王铜像有所不同，这尊铜像头顶后的蛇头上还站着一只小鸟。关于这只小鸟的故事，我在前面已经描述过。

巴德岗的布帕亭德拉国王柱也很有特点，这个国王柱在金门的正前方，塑

加德满都国王柱

巴德岗国王柱

像的托座是一件精美的石雕作品。托座分为三层，下面是一只乌龟，龟首上站着一只小鸟；中间是乌龟背上的莲花；上面是一块高约 1 米，直径约 2 米的石钵，上面刻四层花瓣纹饰。国王塑像上方不是眼镜蛇，而是一个伞盖。除了国王柱之外，广场上还有另一些石柱，上面多是湿婆的坐骑——大鹏金翅鸟。

附件2：加德满都谷地三座杜巴广场建筑分类

	帕坦	巴德岗	加德满都
宫殿	凯撒纳拉延宫	威萨塔普尔宫	辛哈门
	摩尼克沙瓦宫	邦达普克宫	塔勒珠神庙
	穆尔宫	库玛丽庭院	特里殊庙
	桑德利宫	马拉提宫	桑德利宫
	塔勒珠神庙	穆尔宫	莫汉宫
	德古·塔勒神庙	巴拉瓦宫（萨德希瓦宫）	
	巴达克花园	贝克宫（唐图拉杰希瓦宫）	神猴庙
		纳图海蒂浴池	穆尔宫
		55窗宫	湿婆神庙
			王宫花园
			纳拉延浴池
			纳加浴池
			阿加齐神庙
			罗汉宫（科提普尔塔、巴克塔普尔塔、威萨塔普尔塔、拉利塔普尔塔）
			纳萨尔宫
			达卡宫
			拉莫宫
			甘地巴托克厅
			努塔钦宫
			玛散宫
			巴格维提庙
			德古塔勒珠庙
			神猴门

续表

		帕坦	巴德岗	加德满都
神庙	西卡拉	克里希纳庙（2个）	湿婆庙（2个）	湿婆庙（3个）
		纳拉新哈庙	拉克什米女神庙	毗湿奴庙
	塔式	湿婆庙	杜尔加女神庙	坎蒂瓦庙
		象头神庙	纳拉延庙（2个）	湿婆庙（9个包括化身庙）
		比姆森庙	克里希纳庙	毗湿奴庙
		毗湿纳特庙	帕殊帕蒂（兽主庙）	克里希纳庙
		卡尔·纳拉延庙	瓦特萨拉女神庙	萨拉维提庙
		哈里商卡尔庙	湿婆庙（2个）	因陀罗庙
		维沙瓦庙		加干纳特塔
				湿婆–帕瓦蒂庙
				巴格瓦蒂庙（2个）
				塔罗卡庙
				象头神庙
				卡文达普尔庙
其他		大觉寺	城门	库玛丽庭院
		曼达帕佛寺	达兰萨拉住宅建筑（3个）	西卡姆勒佛寺
		曼尼希提		辛哈福舍（福舍）
		乔克瓦特·法王寺		独木大厦（福舍）
				拉克什米纳拉延福舍
				拉库佛寺
				塔纳佛寺

第三章

众神栖居的塔楼——印度教神庙

"对大多数尼泊尔人，甚至是社会高层人物来说，有大量的神祇，看不见的主人居住在加德满都谷地。这样的信仰在尼泊尔依然普遍，尼泊尔人用不退却的热情来维系着。日常的供奉以及集体的集会在每个家庭、本地社区、以及国家庆典间无休止的循环。多数尼泊尔人的生活不仅是被椭圆形的加德满都谷地的绕行路线所限制，他们的传统价值观也是一样。人们在神庙与寺庙间往返，在神祇与圣地间徜徉，每个人就这样与历史连接起来。"

玛丽·舍普德·素萨尔：《尼泊尔的坛城》

一、印度教神庙基本信息

有人说，加德满都谷地有超过 2000 座的印度教神庙，这一点都不夸张。与所有民族文化一样，最典型的尼泊尔风格建筑其实就反映在其宗教建筑上：重叠的坡屋顶，一层层的斜撑，形成了尼泊尔与众不同的宗教建筑风格，具有非常明显的排他性特征。

似乎没有人知道尼泊尔最早的神庙始建于什么时候，但传说加德满都谷地最重要的印度教神庙帕殊帕蒂（兽主庙）是达磨·达塔在公元 325 年时修建的，其屋顶在 12 世纪时经过修复，并由阿难达·马拉国王鎏了金。公元 1579 年，马拉国王的某个王妃将屋顶的中间部分揭去，换成了金色的宝顶，神庙也被建成了重檐屋顶。1692 年，神庙被白蚁蛀毁，后经重建，一直维持现在的模样。

帕殊帕蒂庙建筑群

传说为加德满都谷地最古老神庙的昌古纳拉延庙，同帕殊帕蒂的历史差不多久远，为4世纪李察维王朝时期的瓦尔玛国王开始修建，直到公元424年才正式完工。此庙被认为是尼泊尔塔式建筑的典范。神庙入口右侧立有一根国王记功柱，石柱上有毗湿奴的象征：法轮与海螺。庙中除了供奉毗湿奴与大梵天石刻雕像，还有毗湿奴化身的雕像，以及人狮雕像、半人半鸟的大鹏金翅鸟等。据考证，这些雕塑的风格可以追溯到公元5~7世纪，深受印度笈多王朝艺术风格的影响。可惜这座神庙毁于大火，在1708年才由巴斯卡拉·马拉国王重建。

昌古纳拉延庙建筑群

事实上，由于尼泊尔地处热带，季风雨侵蚀效果强烈，以木头、灰泥和砖石为主要建筑材料的神庙很难持久保存，大部分神庙的面貌都在历史中经过多次改变。引起改变的主要是自然原因，如地震、火灾、洪水、白蚁等，当然也部分归咎于战争中的人为破坏。因此，尼泊尔现存的主要神庙大都建造于 16 世纪之后到 18 世纪中叶之间的马拉王朝后期。这个时期也是尼泊尔国力最强盛，建筑与雕刻艺术最发达的时期。在谷地上各自发展的三个独立的马拉王国出于政治上的考虑，倾尽举国之力，大肆兴建王宫与神庙，以期望在声势上压倒对手。这种恶性竞争的后果是来自谷地西北的廓尔喀人的乘虚而入以及马拉王国的覆灭。值得庆幸的是，加德满都的继任者沙阿王朝也是虔诚的印度教徒，虽然他们在建筑艺术上没有马拉王朝那样的创造性，也不再有马来国王那样的财力与魄力，他们至少非常务实，对前朝留下的艺术财产非常尊重，对业已存在的神庙与宫殿少有拆毁，才使得我们在加德满都谷地可以看到尼泊尔繁盛时代创造的杰出建筑艺术品。由此我们感叹，想要创造不朽，为后世留下可供瞻仰的艺术品，除了要有历史的机缘，更重要的是有包容的心态。

1. 神庙类型

如果从尼泊尔神庙的功能性来说，加德满都谷地的神庙可以分为两种基本类型：一种神庙里供奉发现于该地的神祇，另一种神庙里供奉由施主制造并安放其中的神祇。一般来说，如果神庙中供奉的是发现于此地的神祇，该神庙通常不建在台基之上，而是从地面横空出世，底层设有开敞的围廊，而不用围墙。另一种神庙则建在高度不等的台阶之上。

台基式神庙

围廊式神庙

虽然受到功能的制约，但两种神庙的基本要素是相同的，即供奉神像的神殿。一般来说，神殿都建在一渐次缩小的基座上，周围环绕着密集的柱廊，柱廊从视觉角度将中间的密室部分地遮挡起来，信众通过攀登两边排列着动物雕像和人形神像的台阶，才能到达到神殿。这个过程象征信徒朝圣须弥山的过程。

从神庙建筑结构上来说，神庙的不同主要在于屋顶所采用的形式：印度的西卡拉式或尼泊尔的塔式，也称"帕廓达"，应该是"Pagoda"的音译。

印度西卡拉式神庙的屋顶是一种上部为曲拱形且极具竖向感的形式，它也许是从古代印度的某种屋顶形式衍生而来的：即由方形结构上四根长长的灯心草类植物在顶部交汇于一点而构成。塔式则是尼泊尔特有的屋顶结构形式，由一系列靠下部斜梁支撑形成的逐渐缩小的屋顶形式构成。有西方学者认为，这种屋顶形式是东亚地区建筑的特征，意思是与中国楼阁式塔结构相似，但其本源则很可能也在印度；还有学者认为，塔式屋顶源于窣堵坡顶部的伞状构件，同样源自印度。

谷地三座城市中的印度教神庙或采取西卡拉式，或采用塔式，但塔式神庙居多。在帕坦杜巴广场上，有4座神庙为西卡拉式，7座为传统塔式神庙，其中克里希纳黑天神庙（krishina）是西卡拉式神庙的典范。巴德岗杜巴广场上也4座西卡拉式神庙，7座传统塔式神庙，其中尼亚塔颇拉神庙（Nyatapola）是塔式神庙的完美代表；在加德满都的杜巴广场，则有5座西卡拉式神庙，22座传统塔式神庙。至于神庙的样式是否与供奉的神祇有关，还没有定论。

塔式神庙　　　　　　　　　　　西卡拉神庙

2. 神庙功能

欧洲人通常使用"塔"（Tower）这个词来定义尼泊尔传统的多重檐神庙建筑，但是尼泊尔人则更多用"曼迪（Mandir）"或者"迪加（dega）"，梵语意思为"神之家"。

在加德满都谷地，印度教神庙通常是以其供奉的神祇而命名的。由于尼泊尔历史上曾经同时使用三种语言：梵语、尼泊尔语以及尼瓦尔语，同一个神祇可能会用不同的名称来表示，比如湿婆也被称为摩诃蒂、摩诃蒂瓦、迪欧－迪欧，还可能以该神祇的化身形式来称呼，比如湿婆也被称为兽主、贾干纳特、商卡等。为了区别供奉同一神祇的不同神庙，建筑物所在地，比如说广场或者街道、神庙周围的环境等，都可以用来为神庙命名，如加德满都卡萨曼达帕街附近的小象头神庙就被称为卡萨曼都的象头神庙。如果神庙特别重要，这个神庙的名字也可以反过来作为社区或者村庄的名字。

　　神庙规模并不是信徒去往参拜的决定因素，人们是否常去参拜，主要与神庙修建者的地位与权势，以及神庙中所供奉神祇的威力有关。比如化身为兽主的湿婆，是印度教中最有威力的神。而湿婆的其他化身，即使与兽主的塑像相似，也没有与兽主相同的神力，因为尼泊尔人相信，某一个雕塑的力量不一定会传递到其他地方的雕像身上。

昌古纳拉延的毗湿奴

　　至于某位神祇威力的定位，传说与神话发挥了重要作用。由于某些神庙长久以来的影响力与重要地位，使得千百年来这些神庙香火鼎盛，崇拜者络绎不绝。在加德满都谷地，兽主庙与象头神庙是信徒心中最崇信的所在。

　　印度教神庙里的某些神祇还会在每年固定的某个时候接受众人的供奉，如昌古纳拉延庙，通常每年的朝圣活动会持续7天，也有些会持续一个月，甚至全年的。

　　如果某些神庙具有治疗的功效，那些生病的人或者病人的家属就会常到这些神庙去供奉；有些神庙是专门保佑孩子的；有些神庙里供奉生育之神；还有神庙可以保佑家畜。不论如何，最有助于解决百姓日常生活难题的是加德满都象头神甘尼沙庙。象头神是湿婆与女神帕瓦蒂的二儿子，为象头人身，被认为是最聪明的人类与最聪明的动物的结合，因此也被称为智慧之神与知识之神。尼泊尔人认为，象头神主成功，向他祈祷，就可以心想事成。有意思的是，甘尼沙身体的各部分都有富于哲理的含义：庞大的躯体代表丰富的知识；硕大的脑袋代表多思考；小嘴巴代表少说；大双耳代表倾听；小眼睛代表集中；长鼻子代表隐藏的力量。

象头神雕像

除了以上因素，决定神庙是否受追捧的因素还包括建造者、家族或者某个财团的实力。神庙的地理位置当然也是重要因素。有时候神庙会修建在河流的交汇处，山麓的边缘以及几条道路的岔口等。

3. 神庙模数制度

在印度与尼泊尔的古代文献典籍中，都有阐述印度教神庙平面与立面相关比例的内容。尼泊尔文献规定：6 是两层塔的模数，9 是三层塔模数，而 15 为 5 层塔模数。我们以三重塔为例：三层神庙的模数为 9，对应在神庙的基础上，表示的是神庙底层的宽度。即神庙每升高一层，宽度递减的尺寸为模数 3，也就是说，模数为 9 的神庙在第二层宽度为 6，第三层为 3。不管是三层高还是 5 层高的神庙，基本模数 3 始终保持不变。

在确定神庙的理想高度时，尼泊尔工匠通常采用神庙的整体高度为神庙平

面宽度的 2 ~ 3 倍的方法。如果神庙模数为 9，神庙的高度模数就是 18。谷地
数量最多的湿婆神庙，通常采用这样的模数设计。

　　根据古代的手抄本文献，神庙的立面应该为延特拉神（湿婆化身）的模
样，也就是将神庙与神祇的身体相比拟，将几何形体变为可视的形象。毗湿奴
河边的某个 3 层神庙被认为是玛塔拉神的形体。神庙立面可以拆解为两个部
分：两个相交的三角组成的六角形以及两个等边三角形组成的菱形。根据印度
教理念，尖向上的三角形是男性的象征，尖向下的三角形则象征女性。两个三
角形相交组成的六边形，就意味着男女交合，象征创造。

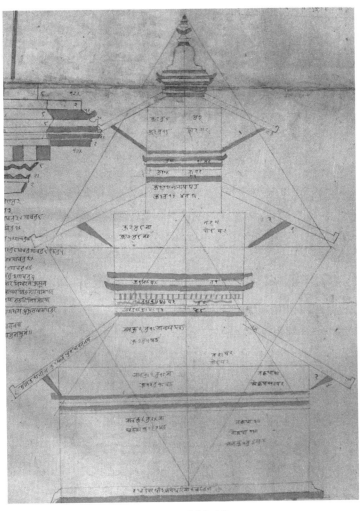

神庙立面比例手卷

古代尼泊尔另一种确定神庙高度的方法为用3个按比例分割的三角形来确定神庙立面上各主要元素的高度。这三个主要元素是（1）装饰层的高度；（2）屋顶坡度的比例；（3）砖墙高度。例如屋檐、狮子脸檐口、下层屋顶与上层中心墙的连接处。

神庙的屋顶被称为装饰层，它包括7个水平部分，最初的三个是上层的地面，然后是三条没有装饰的直角砖。中层包括一条环形的凸出的垂直墙体。檐口的最后一层是垂直的狮子脸。

屋顶斜撑的坡度分为墙内部分和墙外部分，墙外部分是斜撑与椽子交汇的地方，向外突出，内部则是与砖交接的地方，斜度比一般为2:1和3:2。

神庙每一层的砖墙周长是不一样的，其长度受边长与高度的模数限制。

根据古代手卷的规定，神庙的每一个部分通过对比例系统的计算来控制，与基本单位的使用密切相关。只有根据数字系统来修建，才能够保证神庙的功能与宇宙的数字系统和谐一致。但是我们要知道，印度教神庙建筑比例的计算方法并不属于建筑学范畴，更多属于古代哲学范畴。

比例与模数不仅是用来规定神庙建筑的，神庙中的神像也要严格依照量度来操作。不论是绘制还是雕塑神像，都有自古以来承袭的标准。因为只有比例

塑像的量度

完美的塑像才有可能延请到该神祇，使其乐于到神庙中居留。所以说，一个社区里居民的福祉很大程度上取决于神庙建筑是否合乎比例，是否严格按照规定建造以达到神的满意。

如此说来，没有按照规矩制作的神像也是没有任何效果的。对神像制作的规定主要表现在面部的长度，就是将前额到下巴的距离作为神像身体的基本模数，称为"塔拉"（tala）。一个"塔拉"被分成12等份。

在马拉王朝时期，谷地的基本计算单位是"库（ku）"，即手肘到中指顶端的距离，大概是45.72厘米。一"库"又相当于24个手指，"安"；一"土"是一个大拇指的程度，大约是1.9厘米。其他的计算单位还包括"库拉"，就是一乍，相当于22.86厘米左右。

4. 神庙方位

决定神庙的修建方位也与宗教教义有关。测定所要修建神庙的最佳方位是用8除以神庙的边长。在用8除之前，先用"安"来测定长度，得到的余数就是神庙的方位，从0~7的余数被认定为方位之一。一般从东北方向开始算起，余数是0。余数为1是东向，用旗帜表示；2是东南向，用奶牛表示；3是南向，用狮子表示；4是西南向，用狗表示；5是西向，用公牛表示；6是西北向，用猴子表示；7是北向，用大象表示。每一个朝向的数字都有其特殊的含义：1是好运、2是焦虑、3是战胜敌人、4是体弱、5是悲伤、6是水性杨花的妇人、7为幸福。从以上含义我们可以发现，偶数似乎多不太吉利，建造神庙时应当避免这些方位。1、3、7是吉祥数，是适于作为神庙立面的朝向。通常来讲，湿婆神庙多面朝北。

5. 神庙平面

根据古代印度教信仰与吠陀理念，神庙的最基本平面为正方形，是根据原人曼陀罗（坛城）的形状决定的。有学者认为，印度教神庙其实就是一个立体坛城，是神身体的象征、是宇宙世界的投影。也有些学者认为，神庙是仿照宇宙中心须弥山的形状修建的，神庙中心的密室象征神生活的地方。神庙建在高大的台基之上，是要人们沿着陡峭的台阶攀爬上去，象征着信徒对须弥山的朝圣。

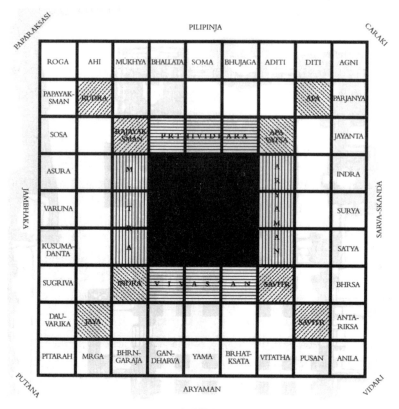

坛城图

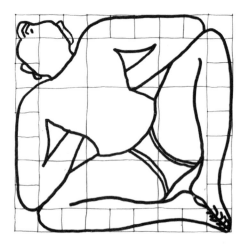

宇宙原人

印度教宇宙坛城为一个正方形，中间可以分割成 64 个或者 81 个小正方形，通常是采用 81 个。中心的 9 个正方形的位置上安置密室，供奉主神像，其余的每小正方形都是一个特定神祇的象征，最靠近中心的是太阳、月亮或者是表示方位的神。

加德满都谷地的印度教神庙平面通常有以下几种类型:

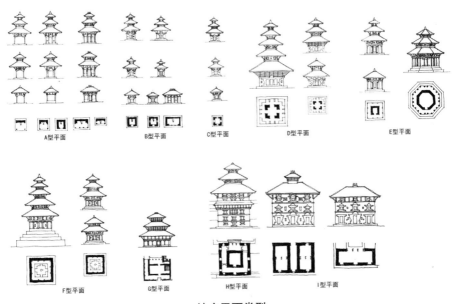

神庙平面类型

A——正方形或者长方形平面，三面辟门，神庙内供奉象头神甘尼沙，偶像置于后墙上。

B——正方形或者长方形平面，只有一个入口，偶像靠着后墙站立。这类神庙里供奉毗湿奴化身纳拉延。

C——正方形平面，四面辟门。这类神庙通常没有一定的朝向限制，里面供奉湿婆陵伽（位于磨盘状的尤尼上的男根）。

D——正方形平面，四面辟门，庙内有一圈墙围合，"回"字形平面形成内转经道，每面都有一个宽大的门廊。庙中供奉湿婆陵伽，有时是骑在尤尼上的纳拉延，神像放置在中间。

E——正方形或者长方形平面，只有一个入口，有一圈带顶棚的柱廊。偶像靠着后墙站立，这类神庙里供奉纳拉延。

F——正方形平面，四面辟门，里面有一圈墙围合，"回"字形平面，外墙由柱廊替代。里面供奉湿婆，偶像放置在中间。

G——这类神庙平面特殊，一层平面为长方形，供奉的神祇安置在神庙在上层，神龛的位置是一个大厅，占据整个上层，作为会议厅使用。这类神庙供奉比姆森、巴拉瓦与密宗女神。

H——正方形平面，多重檐结构，建于三到四层的宫殿建筑之上。这类神庙是国王的私家神庙，如德古·塔勒珠庙，是王宫建筑群的组成部分。这类神庙的基座是宫殿，立面类似宫殿的侧翼。因为多数杜巴广场上的神庙是由国王资助修建的，这些神庙相较于周围的其他建筑，有君临天下的感觉。

I——这类建筑在尼瓦尔语中称为"神之家"。"神之家"的重要性与神庙相同，也拥有众多崇拜者。这种建筑与一般的神庙建筑基本相同，比如入口处有守卫的狮子、门头上有大鹏金翅鸟等神龛和神庙的典型饰物。"神之家"格局与民居相似，通常会成为民居建筑群的一部分。"神之家"中通常供奉密宗神祇，也供奉象头神。神龛通常安置在上层。

从各类型神庙平面的基本数据中，我们可以看出，神庙的设计通常遵循最基本的原则：平面、结构以及朝向通常较为固定，但也不是必须严格遵守。屋顶的层数、建筑材料的选择以及建筑完成后的质量，似乎并不太重要，但是其中的雕刻与塑像，倒是严格按照固定模数实施的。

如果我们将印度教神庙与基督教堂和清真寺比较，就会发现其中的巨大差别。教堂与清真寺是为信众的大型宗教集会而设计的，神庙则是为个体、私人的供奉行为"普加"而修建。

"普加"崇拜发生在神堂中，神堂一般都是在神庙建筑的底层，安置在一个至少有一层台阶的平台上。神堂一般是 1～2 平方米的面积，上面只安放一尊神像。"普加"使得神堂上的神与神庙屋顶庇护下的信徒联系在一起。在较大的家庭庆典中，虽然要用到动物作为牺牲，但强调私人供奉的原则并没有改变。当家庭的祭司或者家族里的长辈为所有的参加者做过了必要的仪式之后，每个人还要进行自己的"普加"。除了聚餐之外，信徒们的崇拜活动没有任何公共的行为。需要了解的是，印度教祭司与基督教牧师和佛教经师不同，他们并不是宗教集会的领导者。

二、印度教神庙建筑要素

虽然欧洲人用"塔（pagoda）"来表示中国与日本的佛塔，也用来表示尼泊尔神庙，事实上，它们是完全不相同的两种建筑类型。

中国塔

日本塔

对于中国人来说，多重檐建筑并不稀奇，楼阁式高塔在中国古代也早已经出现，但是公元7世纪时，当王玄策看到加德满都谷地的重檐神庙时，还是大呼惊奇。我们必须承认，印度文化对尼泊尔神庙的发展有很重要的影响。相似的环境、气候、以及建筑材料等，使得相似的建筑风格在广大的不同地区得以发展，如西卡拉神庙。在我们仔细分析了尼泊尔印度教神庙基本元素后，还是可以发现基本相似的建筑风格里，尼泊尔神庙的个性化发展。

1. 神庙基座

基座是神庙最基础的部分，其作用是使神庙与地面环境分离，使神庙远离地面的潮湿以及街道上的泥土或者是泥水混杂的广场，也在一定程度上将神庙与周围的环境、人群的活动分离开来。但是，基座不光是简单的台阶，因为基座抬高了神庙的位置，使其更加高耸与挺拔，也增加了神庙的光彩。更为重要的是，独立于广场上的正方形神庙以及下面的正方形台阶是来自于宇宙坛城的理念，是宇宙间一切形式的根本形状。在与神圣场所设计有关的概念中，基座是"神庙内部宇宙的边界"。

神庙基座可以看见的外表部分是用砖以及石头砌筑的，每一层基座的表面都用石头铺设。在大多数情况下，石头的作用是加固基座的边缘，但基座并不是神庙结构的一部分。基座作为神庙的主要组成部分，被赋予了非常重要的象征意义、装饰意义以及与神庙结构相关的实际功能。

在马拉王朝早期，神庙通常有一到两层基座，昌古纳拉延以及帕坦的一些神庙多采用两层基座；马拉王朝晚期的神庙开始修建更高大，更多层的基座。在加德满都的塔勒珠女神庙，竟然有多达 12 层的基座，是加德满都谷地基座层数最多的神庙。如果以基座的高度判断，这个神庙的基座并不是最高的，谷地基座最高的神庙为 9 层，是修建于 1702 年的巴德岗尼亚塔颇拉神庙，也是神庙基座中最具典型特征的。多层基座的结构组成现在还不是很清楚，基座一般还可以分成几组，最底层的基座或者只是一个象征性的正方形，高度与红砖铺地的广场齐平，但却是整个神庙平面最重要的部分。我们现在还不清楚基座的层数与神庙屋檐的数目是否有必然的联系，如神庙为五重檐，是否应该有五层或者以上的基座。

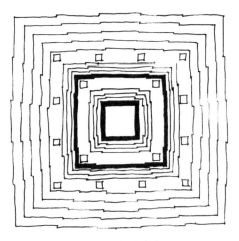

加德满都塔勒珠神庙平面

12 级基座的加德满都塔勒珠神庙

　　有的神庙基座是一个比较大的平台，上面还建有一些小型的二级神庙。如加德满都的塔勒珠女神庙有 12 层基座，每 4 个基座结成一组。最下面的基座平台比较宽大，上面排列着 12 个小神殿，里面供奉的是潘查延纳神以及八方守卫。向上三个基座，又有一个稍微小一些的平台，上面建有 4 个小神殿，分布在平台的四个角上。神殿与平台都是用墙围起来的。从这里再向上的部分构成第三级基座，台阶非常陡峭。第三级基座之上，才是主神殿的所在地。

神庙的二级神殿通常建在基座平台的四个角上，规模比较小，东南方向的小神殿代表太阳神苏瑞、西南方向为象头神甘尼沙，西北方向为毗湿奴的女伴帕瓦蒂，东北方向为毗湿奴化身萨迪纳拉延。小型神庙的平面也是根据量度经设计的，湿婆由四个半神怪物在四周守卫，主神殿玛哈蒂瓦竖立在逐渐变小的台基之上。

很多神庙的基座都用砖作为装饰线脚，在每一层基座的基础部分都有装饰砖作出叠涩的线脚，做线脚的砖有时也用于台基平面上。在基座上层平面的四个角上，带翼的狮子站立在每一个柱子的下面，限定砖墙的装饰区域。砖墙形成的每一个基座，都会与石头台阶和基座的石头铺地相交接。

神庙台基在神庙主入口的一侧通常用石头或者砖砌的台阶来限定与标志。这些台阶有低矮的扶手，将基座的高平台与台阶通道分开。台阶两侧会竖立石雕的狮子以及其他守护神兽，如低等级的神祇、半人半神的怪物等。大型的守护兽通常是石刻的，背对神庙入口，俯视着来往的人群，其中狮子是最常见的

神庙台阶守卫兽

守卫者。尼泊尔的石狮子形象尤其生动，都张开大嘴，露出尖利的牙齿，皱着眉头，双眼怒视，看起来非常威严。在帕坦的贾干塔纳拉延神庙，台阶边上的守卫都是些手持武器的小神；在巴德岗的尼亚塔颇拉神庙，守卫动物以及人物则是根据这些守卫的力量大小，或是威利的强弱按照次序排列的。挑选这些怪

兽作为守卫，是因为它们有守护神庙的能力，可以将那些对神庙有害的邪神与人类都驱除出去。

2. 神庙墙体

神庙的墙体使用砖砌承重墙，用黄土作为粘结剂，二级柱网结构。在神庙建筑中，会使用到很多类型的砖，根据其所处的不同位置，决定使用何种类型的砖作为结构材料。当然，砖也作为装饰目的普遍使用。

神庙墙体的厚度根据神庙的层数不同有很大差异。墙体的构筑要使用三层砖，很少有交叉连接。承重墙在中间层是晒干的土坯砖，内墙使用砖块，楔形的砖铺设在外立面。使用楔形砖是为了防止粘合剂被雨水冲走，因为面砖表面比较光滑，还可以防止腐蚀。另外，棕红色砖还是紫檀色或原木色的木雕窗户最好的背景。

神庙中使用的砖主要有6种：如封口转、顺边砖、楔形釉面砖、角砖、装饰砖以及一边为楔形的釉面砖。用模型倒出来的砖是专门用来装饰窗户、屋檐以及支撑屋顶的斜撑下部的。各种不同类型的砖用在神庙的不同位置，通常用于挑檐处、过梁以及台基等。

1）挑檐砖作

挑檐的叠涩通常有好几层，用不同图案的装饰砖来砌筑，还有一定的排列顺序：（1）出挑的砖为花卉图案，一般是莲花叶；（2）下面是边缘倾斜，带有沟槽的砖；（3）然后是边角倾斜的砖，用途是防止雨水流到墙表面上；（4）再下面一层是莲叶砖，砖上的图案有连珠纹、骷髅头、狮子面以及莲花；（5）刻有鸡蛋图案的砖是挑檐最下面的部分；（6）有鱼鳍图案的砖。

曲面砖用来承托和装饰支撑坡屋顶的斜撑。神庙的四个角在每一层屋顶的

墙面砖雕

墙角砖雕

挑檐层面有两层这样的砖。雕塑砖被放置在手型的木构件顶端，这些砖是雕塑

砖中最大尺寸的，是神庙装饰的主要元素之一。

门楣上方或者窗户上方也用砖雕装饰，典型的装饰砖为蛇形图案。

2）檐口与层拱砖作

神庙的每一层檐口都是层拱的一部分，位于斜撑的基座位置。这里标志着神庙层数的划分。神庙的檐口绝大多数是用雕刻的木板制成，约 30～60 厘米宽。檐口即有结构功能又具有装饰意义。檐口的顶部通常有一个叠涩边，从墙里延伸出 12～30 厘米，作为斜撑的基座。这些砖为大尺寸的砖，从夹芯墙上叠涩挑出。这些砖沿还是一种辅助材料，可以防止潮气渗入檐口。

檐口

檐口装饰图案

檐口砖有时被涂成红色和黄色相间，或者红色与白色相间。在小型神庙上，有时也会用木片代替砖。通常会在砖砌的檐口之下，再用木制的檐口。木制的檐口上主要有三层装饰图案：（1）老鼠牙；（2）托梁顶端；（3）狗牙与蛇。

　　一般来说，上层装饰为老鼠牙。中层为内托梁的延伸，形成内神堂的天花板。这些托梁被雕刻成兽头、魔鬼头或者是传说中神鸟的头，使托梁从檐口部分再延伸出 9～18 厘米。这些兽头是神庙的守卫以及神庙所供奉的神祇的仆从。兽头的数目是从底层到上层递减的。据说它们可以将恶毒的鬼怪从神庙中驱除出去。也是出于这个原因，这些兽头都面目狰狞，比如可怖的骷髅头。在突出的托梁之间，刻有莲花图案。

　　底层其实是蛇纹与狗牙纹结合的纹饰。除了这些层次之外，还有些不固定的层次可以加到托梁之上。檐口的最底层是卵形或者核桃形纹饰，搭配鱼鳍或者莲花图案。这些纹饰与神庙内部结构无关，只不过是传统檐口边缘的装饰而已。

　　与斜撑雕刻被涂上不同色彩不同，檐口兽头的色彩并不是很重要。兽头多数都不上色，例如神庙的木制檐口装饰是老鼠牙、梁头是库苏鲁头，狗牙、蛇以及莲花和铃铛母题等。如果要上色的话，通常为五种颜色：白色、蓝色、绿色、黄色以及红色。突出的构件为方形或者朴素无雕刻时，就绘上花朵来装饰。

　　檐角叠涩的砖作端口包括三层，每一层都比下面的一层要短一点，檐口的砖作与木作部分延伸到檐角时会相互交叉，直到上翘的砖作部分，端口为朝上的曲面。砖作的下部被雕刻成人前臂的形状，手掌朝上，像是在用手臂托住砖。形成拳头的手臂或者被涂成红色，或者与墙、檐口的颜色相同，边沿勾着白边。

角檐的手臂砖

　　这样的设计特别在神庙建筑中得到强化。相互交叉的手臂突出于檐角30～60 厘米之外，使之视觉效果非常强烈。因为端头加宽了，上翘的形式与出檐的弧度一致，与神庙的整体设计很好的契合，檐口也显得要轻巧一些。

在托梁端头的下方，通常以不同的组合方式雕刻莲叶、花朵、鱼鳍以及半莲等图案。

3. 神庙柱子

不用说，柱子是神庙的结构部件，其功能是将神庙上部的重量传递到基础上。神庙的柱子一般为正方形或者圆形截面，因为有雕刻部分而显得较为粗大。除了结构功能之外，柱子也是神庙的重要装饰部件。柱子通常是木头的，墙与中间的柱子用来分隔开放空间，神堂之外的柱子分隔出转经空间。

神庙檐柱

一根柱子本身可以分为三个组成部分：托木、柱身和石头柱础。

托木是一块单独的木块，作用是将门楣以及梁上的重量传递到柱子上，用木柱顶端的木榫与柱子联系。木榫从柱子的中心伸出，穿过托木达到梁，将三个部分固定在一起。托木的装饰母题很繁复，基本上可以分成：花卉、动物（如龙、大象以及鹿）、还有与黑天神克里希纳有关的神话场景以及与拉马国王有关的故事等。当然，佛教人物、湿婆、毗湿奴以及密教神祇、世俗母题，比如狩猎，也常见于托木上。总体来说，托木上面不出现性爱场景。

神庙的柱子通常是偶数设置的，这样就可以造成奇数的开间。有时候也用双柱来支撑上层厚墙的重量。一般的柱子高宽比是 1 : 6 到 1 : 7 之间，这样的比例比希腊柱式 1 : 7 到 1 : 10 的比例要小一点。

刚才已经提到，神庙的柱子可以分成两类：方形截面与圆形截面两种，两种柱子的装饰图案有所不同。柱子上的每一个装饰母题都有特定的哲学意义以及文化重要性。雕刻的柱子强化了神庙的美感，也承担了很高的文化与社会价值。

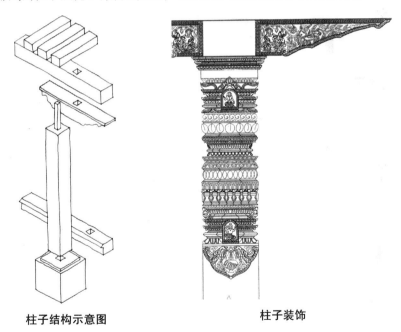

柱子结构示意图　　　　　　　　　　柱子装饰

柱子的每一面都可以分成与边长、柱子的宽度相等的正方形，小雕刻图案特别适应正方形分隔。在方形截面的柱子上，下面部分是方形的，朴素无纹饰，上部边沿为螺旋形设计。装饰图案包括花卉、线脚、连珠纹、圆环、花朵以及摩羯鱼与蛇神、金翅鸟等。柱身上的浮雕多为坐姿或者站姿的男神或女神，还有湿婆陵伽以及花边装饰。某些柱子从基座开始，整个柱子都被繁复的雕刻所覆盖。

圆形截面的柱子通常雕刻花卉图案、鱼鳞纹以及环状的菱形纹。

除了基座以下部分之外，神庙柱子大多数满工满刻。柱子上雕刻的神祇与神庙内所供奉的神祇相同，或者与其相关，为其不同化身或采用不同的姿态。神祇形象的雕刻最多出现在两个水平带上：柱子的上部和下部。柱子通常在靠近基座的部分雕刻普纳卡拉沙，因为它们通常是围绕在神堂周围的神祇。

柱子的不同部位还有不同的名称：如"查库拉"、"古蒂"、"纳为哈"以及"卡拉沙"。"查库拉"是一种圆环形图案，这些圆环就出现在托木的下方，接受从托木传递过来的重量，再传递到柱子上；"古蒂"采用不同的母题，作为柱子上阶梯形状的图案设计；"纳为哈"则是两个母题之间的间隔条带；"卡拉沙"是圣水瓶形状。

柱子上的雕刻通常使用以下母题：莲叶是最主要的花卉图案，也最常见；植物的雄蕊，最多在不同的部位出现两次；牛眼，通常仅仅出现在中间部分。胡桃，出现在上部；一排较小的圆球形，通常在下部出现；平坦的球形，象征水滴出现在牛眼的上面与下面；水瓶，在柱子较低的部分；神祇雕刻，通常在上部和下部出现两次；然后是花叶形状。

4. 神庙斜撑

斜撑是尼泊尔塔式建筑最具亮点的结构部件之一。所谓斜撑，其实就是用来支撑出挑的屋檐的一块长条形木版，在檐口边下方向斜上方支出，顶住出挑的房檐，将出檐很大的屋顶支撑起来。斜撑牢牢的嵌入神庙的夹心墙内，将屋顶的重量有效传递到垂直的墙体上。根据斜撑所处位置的不同，斜撑可以分成两类：一类是立面斜撑，一类是檐角斜撑。立面斜撑位于窗户与檐角斜撑之间，通常为偶数，形成奇数开间。檐角斜撑位于神庙屋檐的四个角上。

比起斜撑的结构功能，斜撑的艺术特色更为研究者们津津乐道，因为斜撑上通常会雕刻着各式各样的男神、女神与动物形象，装饰效果尤其显著。

依照雕刻图案的位置，立面斜撑分成三个部分，头部、中部和底部。斜撑的中间部分大约占整个斜撑长度的50%或者要多一点，通常会是一个立体的神站在一个由侍从、动物或者人物支撑的基座上。神祇的大小不等，从小型神庙的0.7米到大型神庙的1.5米左右。斜撑上男神与女神的姿态、颜色都与神庙内供奉的神祇有关。

斜撑的头部与底部比较朴素，与中间部分的装饰雕刻形成鲜明对比。斜撑装饰母题分成两类：第一类包括密教神祇图像、湿婆以及他的化身形象、湿婆

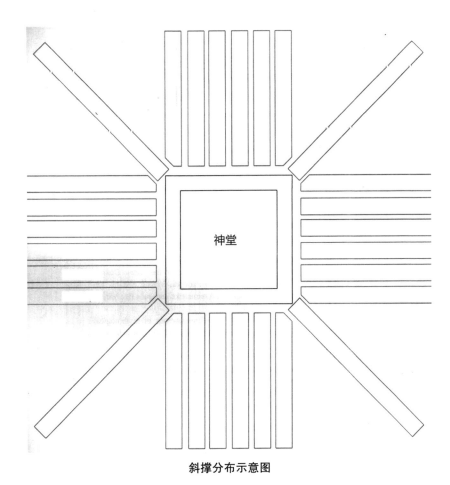

神堂

斜撑分布示意图

与女伴帕瓦蒂、毗湿奴与他的 10 个化身等。第二类包括神话人物，与星象有关的神祇等。

据考证，神庙立面斜撑中最常见的女性神祇形象是八位母亲神。尼泊尔的印度教信徒将这些母亲神奉为他们的守护神，这些女神的服装颜色与首饰装饰各异，为多手臂，并伴有具有象征意义的坐骑。比如卢拉亚尼骑象、库玛丽骑孔雀、昌穆达骑魔鬼，维拉骑水牛、拉克什米骑狮子等。辨认这些女神，也主要是通过她们的颜色以及坐骑形象。神祇的姿态通常是双腿交叉，前面的脚尖踮起，后面直立的腿平放在基座或者是坐骑上。神祇腿的姿态也有不同的象征含义。右腿上抬的意思是开始工作，左腿抬起则意味着工作完成。

立面斜撑

在斜撑上，面部朝前的神祇通常是多手臂的，手臂从身体侧面伸出，展示其手中持有的各种象征物。例如湿婆总是一只手拿着三叉戟，另一只手拿着其他物件，毗湿奴则拿着一只海螺。多手臂是分开雕刻，然后接合在一起的，身体的其它部位则是用一块木头雕刻而成。

印度教信仰中有所谓的"性力派"，即相信阴阳交合的力量。因此，斜撑上也会出现成对的神祇。双身人物通常是湿婆与帕瓦蒂、毗湿奴与拉克什米、因陀罗与因陀亚米等。因为威力巨大，出现在同一斜撑上的成对神祇通常用来支撑底层的屋檐；神庙中层的屋檐顶用单体男性神支撑，如毗湿奴与其 10 个化身、巴拉瓦等；上层的屋檐则多用单体的女神来支撑。

还有些立面斜撑上会表现性爱场

多手臂女神立面斜撑

景。性爱场景的图案一般是这样的：斜撑顶部图案为树杈，从上面坠下果实累累，作为主要人物的背景，底座部分雕刻石头，或者植物，以及与主要画面有关的场景，中间部分就是赤裸裸的性交场面。需要注意的是，这些带有色情场景的斜撑绝大多数与湿婆神庙有关，绝对不会出现在佛教寺院中。对于普通人来说，这也是判断该建筑是印度教神庙还是佛教寺院的标志之一。这些色情雕刻出现的时间，大多是在 17 世纪之后。

性爱斜撑

事实上，最生动有趣的斜撑还不是多手臂的神祇与交欢人物和动物，而是每一层支撑 4 个檐角的 8 个檐角斜撑。这 8 个斜撑的尺寸要比立面斜撑大，其上的雕刻也更具视觉冲击力。一般来说，一层檐角的斜撑尺寸最大，为 390 * 30 * 30 厘米，因为它们所承受的力最大。在这些最起承重功能的檐角斜撑上，通常不出现神的形象，取而代之的是怪兽格里芬。这些怪兽因为不情愿移动的性格成为是神庙稳定的象征。怪兽斜撑除了结构作用很重要之外，人们还相信，既然怪兽可以支撑起最沉重的屋顶，使之不倒塌，当然也可以保护神庙免于邪恶的神灵对神庙的破坏。这些怪兽斜撑总是成对出现，以正面示人。它们的样子看上去到像是三种动物的结合体：马、山羊和狮子。怪兽的脸看起来像马，弯曲的犄角像野山羊，身体又像是身材巨大的狮子。除此之外，怪兽的前腿和后腿伸出的尖利爪子，四条腿上还伸出神秘的、喷着火的翅膀，加上血盆大口与弯曲的尾巴，使这个怪物更增添了个性特点。据说这样令人恐惧的表情，足以吓退所有试图进攻神庙的妖魔鬼怪。可是游客们认为怪兽的面目一点也不狰狞，反而因为更接近于人们日常见到的动物而显得可爱。

檐角怪兽斜撑　　　　　　　　　　　　　　图示

由于自然的力量，斜撑是要时常更换的，但是斜撑的排列位置与替换不能随意而为，要严格地按照密教的制度处理。

以雕刻精美著称的斜撑在昌古纳拉延庙。在该神庙的屋檐之下共有 40 根斜撑，底层 24 根，上层 16 根。如果我们细细观察，就会发现，该寺的斜撑上没有我们在某些神庙中看到的色情场面。在人或者动物交配的色情场景位置上，一般是拉克什米站在湿婆神脚下的形象。研究者认为，因为该神庙的建造时间在公元 5 世纪~7 世纪，这里供奉毗湿奴的神庙，因此斜撑上的雕刻全都是毗湿奴的不同化身。这样才是神庙斜撑最原始的设计。

5. 神庙门窗

与神庙的斜撑一样，神庙的门窗装饰与雕刻同样是尼泊尔传统建筑艺术的精华所在，代表了尼瓦尔工匠高超的木雕与铜雕工艺水平，是世界建筑艺术宝库中的典范。

1）神庙的窗户

与民居和宫殿建筑一样，神庙的窗户都开在建筑立面上层的中间位置。窗户的种类有两种：盲窗与小排窗。

神庙的开窗是奇数的，在建筑立面上对称分布，通常是每一层的两个斜撑之间至少有一个窗户。每个窗户都有两个窗框：内框和外框。两个窗框用木钉子固定在一起。内框比外框要大一些，外框通常会精雕细刻。窗台和窗楣因为其使用功能的需要会向两侧延伸一些。窗楣以及边框上经常平行雕刻小型神像，或者花卉、植物、连珠、动物以及鸟的图案装饰，经常出现在窗框上的，还有神祇以及神话传说场景。

神庙窗户

神庙窗户装饰

盲窗是神庙建筑中非常特殊的窗户形式，是用二级边框以及前倾的柱子构成的。中间的开口用窗台分隔，下部是由一个围合板封住，固定到框子里；上部有另外的窗框，里面装饰神像。盲窗都是单扇的凸窗，中间镶嵌着神像。延伸的窗楣上角是树叶和花卉母题的雕刻。例如在昌古纳拉延神庙的三层，四面墙上的每一个盲窗里都是毗湿奴的形象。盲窗是竖向的长方形，窗楣向两侧延伸，上面雕刻这各种母题，比如有带翼的马，站在狮子或者其他动物上的神祇等。

神庙盲窗

　　装饰性的盲窗是固定在夹心墙上的，窗户后面的砖墙上没有开口，窗户是棂窗或者是带有图案的百叶窗。窗户的开口上还有永久性的栏杆。这些栏杆通常是菱形或者是方形的。作为装饰的一部分，神祇的头像或者兽头被雕刻在窗户中间。

　　寺院的排窗通常是三到五个窗扇，中间部位的窗扇通常比其他位置上的窗户要细致，是两扇推拉窗，其他的窗户只是单扇。一般来说，神庙的窗户为长方形，长宽比是3：1或者5：1。多数的寺院排窗都位于神庙的二层。尼瓦尔人相信，5个开窗代表着宗教仪式上必备的5种精细的基本材料。

神庙的排窗

就在排窗的开口上方，是一个长条形的类似窗框的木雕，横向凹进。这个部件的作用是保证雨水不流入窗户。窗框底部有方形或者梯形的物件，边框雕刻模仿的是半壁柱形式。在边框的各种雕刻中，莲花母题最容易分辨。

开窗两边的柱子也有固定的装饰模式。一圈象征性的阿玛拉卡果代表宇宙星空，也意味着自在原生的树承载果实。下面是卡拉沙神的形象，还有很多植物，柱子其实就像是立在大花盆上面。开窗两侧的纹饰满工满刻，除了窗台与推拉窗部分之外，基座部分有狮子的图案，窗台下角是摩羯鱼或者鳄鱼等水中五种永生动物的形象。典型的窗户雕刻还包括吉祥的孔雀、蛇神、莲花以及金刚杵。莲花有时也会出现在窗框上。

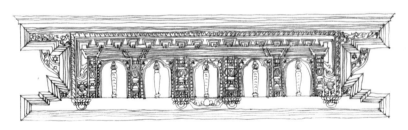

神庙排窗装饰

在神庙的窗户和门两侧，还装有壁龛。壁龛的形式与窗户很相似，只是尺寸要小一点，一般为60厘米高，40多厘米宽。壁龛上有门头装饰，固定在墙上，并稍向外倾斜。壁龛下沿是一个半圆形的木构件，与门头的形状相反，其中的雕刻题材也与门头有所区别，中间是缠枝花卉与树叶，有几个装饰边延伸到外圈，与门头相似。壁龛的边框形状各异，与窗户相同。壁龛的雕刻方法也与窗框相同，多用莲叶或者是蛇纹装饰。

壁龛里供奉的形象通常就是该神庙中供奉的主神。研究者认为，外墙神龛的起源应该与印度教教理中向信众指示神庙的方位和神祇位置有关。神龛中还会出现不太重要的神祇，或者是令人敬畏的卫士作为主神的侍从。神像为木雕或者石刻，也有些是铜铸的或者是镀铜的。

　　如果仔细观察，我们就会发现，在墙面上较低位置的神龛里安置的神像是神庙中的主神，在墙面较高位置的神龛里安置的是主要神祇的侍从，在中心窗两侧的神龛里，通常为金属的主神像。研究者认为，较低位置的神龛更多是为了让信众可以接近神祇、供奉神祇。因为大多数崇拜者是不被允许接近神庙主神堂的。因此，位于墙面较低位置的小型神像，是普通人献祭的对象。因为崇拜者在神庙中只可以用自己的双手抚摸神的象征物而不能将贡品递给作为中间人祭司。至于主窗旁边的神龛，则用于标志神庙内部神堂的位置。

神庙外墙壁龛

　　2）神庙的门

　　神庙的门与民居门一样，非常窄小，高度只有 1.5 米多一点。进门的时候，还要跨过一个 20～30 厘米高的门槛。因此要入神庙，就必须低头哈腰。与民居一样，神庙的门通常也有内外两道，里面有一个巨大的门闩横在地面与门槛摞在一起。每扇门上的线脚装饰可以使得头道门关闭后，再关闭另一道门而中间不留缝隙，使得门不被拨开。门扇上挂有两条铁链子，有些永久性的或者是半永久性关闭的门可以从里面将门闩栓死，外面用同样的锁与铁链子锁住。

昌古纳拉延神庙门

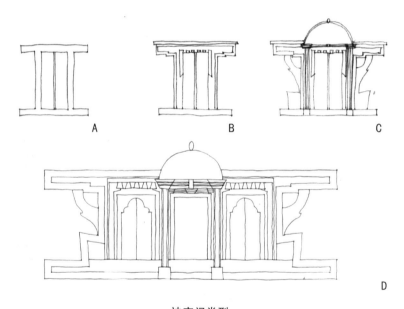

神庙门类型

　　一般的门由门框、门槛以及门楣组成。与窗户一样，神庙的门框也包括了内框与外框，两层门框用木钉固定在一起。外框的作用是用来装饰，内框则起到结构功能。门框上下框的横梁延伸出很远，嵌入墙体，目的是增加强力。门框的上横梁要比下面的横梁长，有些几乎可以延伸到夹心墙墙角的位置，门框的平面也嵌入墙体表面。

　　门的外框用精心的装饰填平了墙面与门框之间的缝隙。门框上面雕刻的偶像通常是水中宇宙主题。门框的装饰图案与门头或者斜撑的象征意义不尽相同。根据门框的装饰部位，门的外框有以下重点装饰部位：

侧翼——为木制的曲线侧翼，大概为门一半的高度。弧形的线条在结构上不是必须的，在民居与宫殿建筑中，特别是佛教寺院的神堂中，门要简朴的多。侧翼是四边形的曲线建筑构件，以两个同心圆为基础。以凹进的曲线向下弯曲大约有一半地方形成一个小圆球，然后又转变成为了一个突出的曲线作为门楣的顶端。在侧翼的下面部分，有一只摩羯鱼张着大嘴。摩羯鱼的尾端是火焰式的曲线植物纹，充满了侧翼的大部分。这个海兽的嘴里会出现神祇的形象，特别是女神形象。两位女神是河神，恒河在左侧，朱穆拿河在右侧，象征着人类经过她们的洗礼，去掉了本性中的不纯洁。

神庙门侧翼装饰：上　　　　　　　　神庙门侧翼装饰：下

内曲线侧翼——是一个四分之一圆的带板，就在河神的边上。在这条板子上，左边是昌德拉，右边是太阳神，作为大门的胁侍。

门槛——门框底部上方的条板雕刻守护神。守护神的形象通常覆盖垂直的门框。这些神像是主神可怖的形象，如怪物马卡卡拉守卫主人湿婆。作为守卫的半神，他们手中都持有武器，因为这些武器属于他们所守卫的神祇，我们可以依此来分辨他们的身份。

门楣——门楣向外突出的目的是为了承托上面巨大的门头的重量。门框边沿是在墙体面砖砌筑之前就连接在一起的。门框的雕刻母题大体可以归纳为4个：宗教、花卉或几何图案、动物、以及混合母题。

在宗教母题部分，吉祥八宝图案置两边。不论是印度教还是佛教，都用吉祥八宝装饰。吉祥八宝分别为莲花、宝伞、宝瓶、双鱼、旗帜、宝轮、以及海螺。此外，月亮在左，太阳在右。月亮与莲花一道，安置在一个由14只鹅拉的车上，而太阳则在由7匹或者9匹马拉的车上，象征一周为7天或者9大行星。

神话母题也会雕刻在门楣的突出部分，比如湿婆、毗湿奴、密教或者佛教的神，都可以出现在这个部分作为装饰。

在花卉母题中，盛开的莲花、藤蔓以及树枝都非常常见。

在动物母题中，经常出现的动物有卷曲的龙、鳄鱼、鹿、大象、孔雀以及天鹅等。

在混合母题中，以上提到的母题都可以结合在一起，比如花卉可以和宗教母题的盘长结连接在一起，龙与葡萄藤纠缠在一起。对于工匠来说，没有什么东西可以限制他们的想象力。

卡尔纳拉延神庙门

门框——围绕门框一圈的连珠纹、几何纹或者花卉，是最典型的门框装饰设计。在外门框里面，有一根单独竖立的柱子。这根柱子立在两个门框与门槛之间，柱子的中间部分用圣水瓶图案装饰。

门头——是一个半圆形，用木头或者木板镶嵌金属制成的扁平构件，放置在神庙的门以及窗户的上方。门头通常会稍微向前倾斜。门头与门框是分离的，与门框的其他部分也毫不相关。门头的基座放置在门框上方的叠涩上，后面用链子或者绳子将其与墙连接起来。门头的尺寸差别很大，小的不到40厘米，放置在神龛上方。作为主要入口的门头，可能会有1.8米宽。在有些神庙中，所有的门、窗以及柱子之间都安置了门头。帕坦的某一座神庙就是这样，连柱子之间也有门头装饰。有的门头因为尺寸太大，只能用几块木板拼接在一起。但是你在中间却看不到任何缝隙，就像是一块板子雕刻的一样。不论是印度教神庙还是佛教寺院，门头的雕刻题材是一致的，都是将庙内供奉的主神放在中间。

昌古纳拉延神庙门头

科提普尔神庙门头

　　昌古纳拉延神庙的门头为铜铸，毗湿奴神站在中间，女神拉克什米在右侧，大鹏金翅鸟在左侧。在门头上端，是一个可怖的齐普，口的两边是蛇神。科提普尔的一个神庙门头是木制的，位于主入口左侧的献祭坛上方，用一个链子从后面支撑着。中间的神像是毗哈尔·巴拉瓦，象头神甘尼沙在左侧，库玛丽在右侧。中心人物的上方是纳拉延大神骑在金翅鸟的背上，两侧是八位母亲神与她们的男伴，八位巴拉瓦在圆形龛中，形成了拱形的外圈条带。金翅鸟用两只前方的手持一个容器，另外两只手臂伸展在展开的翅膀下，两只手分别拿着两条人首蛇身的怪物。

门头是代表崇拜、美好以及细致的吉祥物件，表现的是该建筑的神圣性。门头雕刻的背景上，通常有数量不等的小型神像，被蛇神、低级神祇、动物、崇拜者、花卉图案所包围。木制门头上的雕刻通常要用鲜艳的色彩涂抹，但是颜色不像斜撑那么重要。门头上常见的神像有：

齐普——面目狰狞的怪物，位于门头的顶端，口衔或者拿着一条试图逃跑的蛇。这样的形象表明他有履行职责的强烈愿望。拿着蛇，带着项链和臂环，则象征战胜他的敌人。

恒河——恒河女神代表最神圣的河流，总是站在传说中的海洋之母摩羯鱼（马卡拉）身上。摩羯鱼象征着永生不息的生命源泉。

朱穆拿——朱穆拿河女神也代表最神圣的河流，总是站在一个海龟身上。

阿帕萨拉——手持花环的女性天使。

我们可以发现，不论门头装饰多么细致繁复，神像都是对称分布的。但是花卉图案却可以比较自由地分布在整个构图上，填满已经很繁复的背景空间或者有不规则图案的地方。多数尼泊尔神庙的门头是木头雕刻的，因为木制门头上有太多的金属装饰物，以至于人们根本就无法看到原来木头的底板。也有些神庙的门头是金属的，门头上方还有一个镀金的尖顶。

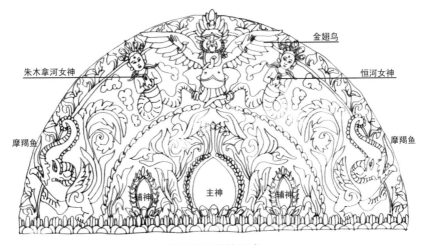

神庙门头装饰图案

神庙的门有单扇、双扇，甚至三扇形式的。木制的带孔屏风门也是样式各异，但一般的门上都用带有刻花的金属包裹，或者干脆就是金属光板，上面没有一个孔洞。门洞通常是长方形的，有些门上部是拱形的。有些门扇上还绘制一双大眼睛。在佛教信仰中，双眼象征佛陀可以看穿世间一切的智慧眼；在印度教信仰中，这双眼睛被认为是湿婆眼。

6. 神庙屋顶

神庙屋顶可以称得上是最具尼泊尔建筑特色的元素，不仅因为其重檐坡屋顶造型，也是因为其独特的建造与装饰手法，以及其象征意义。神庙屋顶骨架所用的木材是杪椤树，是尼泊尔出产的最坚硬的木料，据说比柚木质量要好。

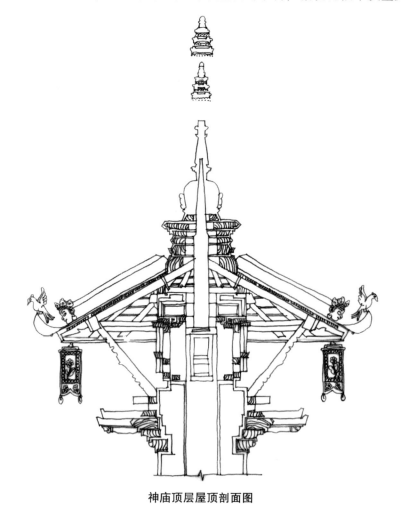

神庙顶层屋顶剖面图

每一个坡屋顶都有沉重的椽子，从屋顶的中心向下呈放射状排列铺设，直到与水平的梁相交。梁由斜撑来支撑，斜撑是从檐口向上撑出的。最上层屋顶的扇形椽子总是向中心聚拢，扇形的椽子上面，用厚木板平行在屋顶的四个方向从中心向外铺设，木板紧密的排列在一起，上面再用一层 30~60 厘米厚的泥土覆盖。在泥土上面，还要用烧结过的陶瓦相互搭接铺设。陶瓦是 S 状的曲面，一般是长方形的，大小有所不同，一般尺寸是 15~25 厘米长。陶瓦窄的一端与另一片瓦相扣，这样就可以有效地将雨水向下排泄，不使水下渗。每一片瓦背面的边缘有一个上翘的钩子，勾住前面瓦的前端，瓦的前端再向下勾住前面瓦的后端。

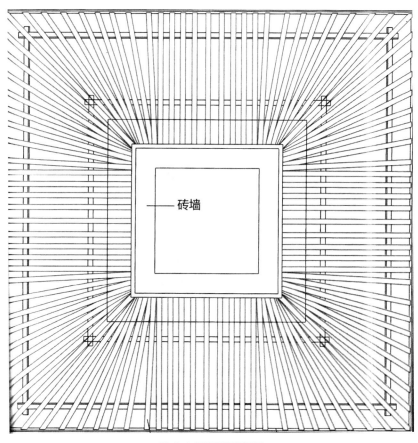

神庙底层屋顶仰视图

　　神庙建筑屋顶的边沿稍有翘起，这是为了防止檐角因为木结构在相交接处损坏。保护檐角最有效的办法是用特殊的瓦铺设，正好可以盖住檐角的边缘，使其与屋顶其他部分的平板瓦相交接。另一个保护坡沿的传统方法是顺着边沿的长度铺设小的平板瓦，形成一个升起的肋骨。

事实上，上翘的檐角处的瓦片并没有什么结构功能，只是为了使得神庙的轮廓更加优美。因为坡屋顶显得沉重，具有压迫感，起翘元素的加入就使得人的目光向上方移动，造成屋顶轻巧与飞升的感觉。

有些神庙的屋顶不用瓦，而是用金属屋顶。金属屋顶很平滑，有小的肋条顺着坡度平行排列，每排大约相隔60厘米，肋条在每一面坡上都是偶数布局。肋条的作用是连接两块金属板，肋条顶端都有一个人脸形状的堵头，与我们的瓦当有些相似。屋顶垂脊堵头通常是女性面孔，带着王冠，表情不恐怖，那些位于上翘的角脊后面的堵头为男性面孔，通常是狰狞恐怖的。屋顶的镀金是纯洁的象征，纯金为最神圣的神庙屋顶。现在的屋顶都是用铜、锡以及黄铜来镀成金色。

屋顶角脊上的男性面孔

屋顶角脊上的女性面孔

在金属屋顶上，还特别铸造金属瓦铺设在神庙屋顶的檐角上。上翘的金属瓦通常是金属板的组成部分，这些板子与檐口的金属板相连，板上雕刻花卉与几何图案。

屋顶装饰中最常见的是鸟。金属小鸟站在上翘的角脊顶端，有时候只出现在多重檐神庙最高层的角脊顶端，有时候每一层屋檐的角脊上都有。这些小鸟的翅膀是张开的，似乎振翅欲飞，小鸟嘴里会叼着树叶状的吊饰。有人说鸟的功能是驱赶真鸟，不使它们在神庙顶上叽叽喳喳，吵扰了神的清梦。

神庙屋顶另一个最常见的装饰是檐下垂吊的铜铃或者是陶铃。铃铛通常为90～120厘米长，挂在悬挑出来的屋檐之下，围绕神庙一周。这些铃铛挂在檐下的小钩子上，是一串串的垂饰。每当有风吹过，就会发出悦耳的响声。铃铛使得神庙看起来精致美观，与沉重的建筑物相映成趣。

多数有金属屋顶的神庙还会装饰金属条带"齐齐马拉"，意思是"小铃铛的花环"。有些条带是实心，有些带有孔洞，含义与神庙上飘扬的经幡相同。饰带上装饰铃铛、神祇或者是各种花卉母题。沿檐口布置，大约是10厘米宽，铃铛就挂在这些条带后面。有的时候饰带上还有妖魔图案装饰，它们也是保护神庙的。在加德满都谷地，有些神庙还有双层的饰带，精致的镂空缠枝花卉图案非常漂亮，在风中与垂挂的小铃铛一起随微风叮当作响，感觉异常美妙。

神庙檐下装饰带

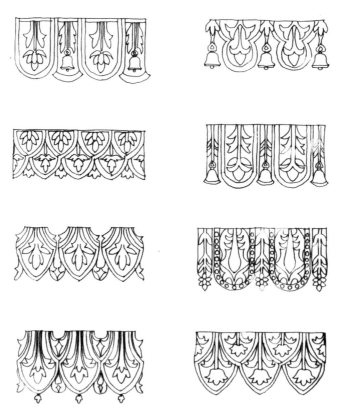

神庙檐下装饰带图案

在神庙屋顶的四角，也会放置一些威力巨大的主神，保护神庙不受邪魔妖怪的侵害。这些神祇都是以对角线安放在屋顶的四角，主要的神祇是：（1）博鲁达卡，右手持剑，左手放在膝盖上，通常是蓝色或绿色；（2）达利塔斯塔，手持维纳，面朝东，为白色；（3）维萨维纳，是财富神，右手持旗帜，左手拿着一只獴，为黄色；（4）维罗帕沙，左手托塔，右手持蛇，面朝西，红色。

　　某些神庙的屋顶上还有一条长条垂带从宝顶处垂下，越过檐口，垂到房檐下方，但也有些垂带只是搭到上层的屋顶上。垂带的尼瓦尔语叫"帕塔卡"，被认为是神祇们从天上下降到人间的通道。垂带并不是每一个神庙都有的必需品，有些神庙没有，有些神庙则多达四五个。条带的材料多为黄金、白银或者黄铜的。黄金垂带只是在非常宏大的神庙才使用，铜质的比较便宜，因而也较为常见。垂带上的装饰图案通常是我们常见的吉祥八宝。

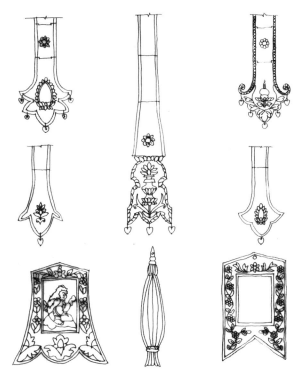

神庙垂带装饰图案

神庙垂带

垂带细部

7. 神庙宝顶

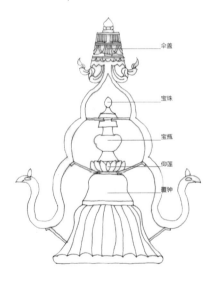

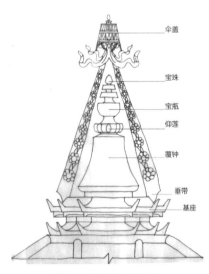

神庙宝顶结构示意图

　　宝顶是神庙的最高点，是神庙最具象征意义的部件。神庙的大小和形状，以及其中供奉的神祇，决定了宝顶的风格。通常正方形平面的神庙只有单一的宝顶，少数长方形平面的神庙有多个宝顶。比如在科提普尔的毗哈尔拉神庙，甚至有多达 18 个宝顶。第一层屋顶有 1 个宝顶，二层有 6 个，三层有 10 个，最高层也是只有 1 个。昌古纳拉延神庙有 5 个宝顶，神庙屋顶的 4 角各有一个小宝顶，中间有一个大宝顶。

宝顶是放置在木柱上的，木柱由水平的梁支撑，这些梁是固定在砖墙上的。宝顶的基座通常每层都有上挑的边角，与檐口椽子的形状相似。基座的上方是一对平坦的圆环，作为宝顶的基础。宝顶由 4 部分组成：宝珠、卡拉什、仰莲和覆钟。

宝珠是宝顶最顶端的装饰，象征神圣的珠宝。宝珠通常安置在三个小圆环之上；卡拉什是圆形的圣水壶，被认为是创造的元素以及生命本体的象征；仰莲是花朵状的圆形盘，作为卡拉什的基座；覆钟是宝顶最大的部分，安置在一个宽阔的圆形台面上，台面也为覆钟的装饰边。宝顶的整体形状就是一个覆钟，是宇宙创造能力的象征。无论在印度教还是佛教信仰中，宝顶都有非常重要的意义。

绝大多数尼泊尔神庙都在宝顶上安放一个伞盖，这个伞盖的宗教意义是庇护。宝伞从佛教时期就是吉祥的象征，人们认为，所有的佛像上面都应该有一个伞盖，也就将这一理念应用在了神庙的宝顶上。伞盖通常是金属的，同样金光闪闪，罩在宝顶的上方，但灰泥制造的宝顶上则没有伞盖。

神庙宝顶

神庙宝顶

因为宝顶的形状不同，伞盖的形状也不一样，层数2～13层不等。加德满都的湿婆－帕瓦蒂神庙屋顶有三个宝顶，也有三个伞盖。加德满都杜巴广场上的玛珠神庙的宝顶形状非常特殊，是一个窣堵坡形状，也是唯一放置在湿婆神庙之上的佛教窣堵坡，与斯瓦扬布纳特佛塔的形状相似。

我们应该知道，看上去几乎相同的宝顶，对于佛教和印度教的含义是不同的：印度教神庙上的三个相叠的塔尖，分别象征梵天、毗湿奴与摩诃·瓦拉；而佛教寺庙上的塔尖，分别象征佛、法、僧三宝。

三、谷地著名神庙

加德满都谷地至少有神庙2700多座，代表着不同的天神，迎合人类的各种需求与利益。在加德满都谷地，与神话传说有关的神庙数不胜数，有些还是著名的印度教圣地，我们这里仅举几个例子。

1. 帕殊帕蒂（兽主庙）

帕殊帕蒂庙也称为兽主庙，是尼泊尔最古老的印度教湿婆神庙，也是尼泊尔境内最大的湿婆神庙，还是南亚著名的印度教圣地。帕殊帕蒂神庙建筑群位于加德满都以东约5公里的

湿婆陵伽

邦哥马蒂河沿岸，背靠青山，面朝圣水，邦哥马蒂河从峡谷中流出，河面在这里只有数十米宽，两岸有石桥连接。

令人称奇的是，在曽主庙的主神殿中，你却看不到任何一尊湿婆的塑像。湿婆是印度教中主管创造、保护与毁灭的三大神之一的毁灭之神，是尼泊尔王国的守卫者。国王在发布文告的时候，通常会用这样的话作为结束语："让帕殊帕蒂纳特赐予我们幸福"。湿婆与其配偶雪山女神帕瓦蒂同住在喜马拉雅山的凯拉什神山顶上，他们的儿子是最受人爱戴的象头神甘乃沙。湿婆神的典型形象为腰围兽皮，半裸身躯，手持三叉戟，其坐骑为神牛南迪。湿婆还有很多化身形象，其中最著名的就是舞蹈之王。湿婆的抽象形象为坐落在一个磨盘（尤尼，女阴）上的圆柱体（陵伽，男根）。在加德满都谷地的街道上，很容易看到被供奉香花与涂红的陵伽。据说在加德满都，有多达6百万个湿婆陵伽雕刻。

舞蹈湿婆

湿婆与帕瓦蒂

帕殊帕蒂始建于公元 8 世纪，公元 14 世纪时，来自印度的穆斯林入侵加德满都谷地，神庙遭受了严重破坏。数年之后，阿琼·马拉国王照原样重建，并延请来自印度的婆罗门当神庙顾问，意为该庙为印度教真传。

神庙建筑群的主神殿为典型的尼泊尔塔式建筑，主殿为两重檐金顶银门，顶为鎏金宝顶，状如覆钟，屋檐四角还有小塔陪衬。重檐殿顶与檐脊全部为镀金铜质板瓦铺盖。纯银大门为三进，半圆形门头雕刻精美图案。窗棂和檐柱上也雕刻色彩艳丽的神祇。神殿外墙上镶嵌着片片白石，在阳光下熠熠生辉。殿基、围廊以及台阶上都铺设方形格子瓷砖。

帕殊帕蒂神庙分为内殿和外殿，主神设置在内殿神堂中。神庙禁止非印度教徒和外国游客入内，一般的印度教徒也不能随意进入内殿，只能在外殿敬神，只有祭司才能进入内殿祈祷。

帕殊帕蒂主神殿里供奉着一米多高，5 个面像的湿婆陵伽。在尼泊尔的印度神庙中，通常都会供奉湿婆陵伽，但一般为四个面，代表东南西北四个方位。该殿内 5 个面的湿婆陵伽顶端的那个面是湿婆主像，其他四个则分别代表"大梵"、"无谓"、"新生"、与"月神"。在 5 个面之下，又各生出两只手，分别持有念珠与钵。与四面陵伽的另一个不同是，五面陵伽是不允许用手触摸，也不能靠近的。

兽主庙前有一只巨大的铜牛跪卧于长方形石基之上，这就是湿婆的坐骑南迪，高约 2 米，长约 6 米。铜牛的修造年代已不可考，但是铜牛后面立有一块石碑，上面的铭文是公元 8 世纪李察维国王贾亚·迪瓦二世所写的优美诗篇，赞颂他母亲向帕殊帕蒂奉献的一朵银质莲花。

帕殊帕蒂庙主殿周围有很多类似偏殿的建筑，还有窣堵坡以及供朝圣的香客歇脚、供隐士们居住的福舍。在神庙南门附近，有一座三重檐的圆顶神庙柯迪林盖斯瓦，是尼泊尔境内仅有的两座圆顶神庙之一，另一座圆顶神庙位于加德满都的哈努曼多卡宫中。该圆顶神庙建于 1655 年，建寺的碑文称其为伞寺。神庙顶层为铜质，下两层为瓦顶，据说是仿造古代尼瓦尔人所用的三层伞的形状设计的。玄奘在《大唐西域记》中曾经提到过这种形状奇特的伞。在现今的宗教节日里，我们依然可以见到游行队伍中神像头上有这种三层的伞盖。

帕殊帕蒂神殿入口

帕殊帕蒂圆顶神庙

邦哥马蒂河来自山谷，上游就在神庙的上头，其河水非常圣洁，犹如印度的恒河一样。你可以看到，不论任何时间，都会有人沿着河岸长长的台阶下到河中，这些台阶是从神庙一直延伸过来的。神庙附近的建筑群以及用来焚化尸体的木柴堆与水泥台，从河对岸就看得见。

　　因为印度教信徒相信，人死后在圣河中沐浴双足，火化后的灵魂就能够早生天堂，就在河岸上修了用于焚化的平台，不时有火化亡者的黑烟燃起。亡者的骨灰一般会洒入河中，任其漂流逝去。即使到了现在，著名的贵族大氏在死后依然要在兽主庙里火化。因此，很多游客都称帕殊帕蒂为"烧尸庙"。1955年，国王特里布文在瑞士去世，遗体从瑞士运回了尼泊尔，在兽主庙内进行了历时很长、礼节繁复的最后仪式，并在兽主庙内焚化。在每年的二月、三月间，约有十万信徒会来到河边，庆祝湿婆之夜。多数前来朝圣的香客会在神庙附近逗留一段时间之后才肯离去。家住加德满都的虔诚信徒会在每天工作之前先步行几公里到兽主庙供奉。

邦哥马蒂河沿岸的焚化台

　　在兽主庙对面的河岸，通过石桥可以到达由不同的贵族世家修建的小神庙，这些小型神庙都是供奉湿婆的，包围着神圣的湿婆陵伽。更多的砖石陵墓上面雕刻很多神祇形象。在面朝神庙的台阶之上，隐者们面容憔悴，脸色灰黑，沿着河岸的台阶打坐参禅，猴子们则在石桥的栏杆上攀爬戏耍。

2. 尼拉坎塔神庙

该神庙也称为大佛寺，但事实上是一方水池。这里是长年吸引众多朝圣者的神圣之地，在每年的年节期间，前来朝圣的人更多。大佛寺名字的意思是"蓝颈项的老人"。这个蓝色颈项的老人实际上是一个巨大的石头雕刻毗湿奴躺在水池中的大蛇盘绕形成的垫子上。这尊雕像可以追溯到 7 世纪，据说是由一个农夫在一片田地里发现的。

这个蓝颈项的水上毗湿奴位于加德满都北面的郊区，在谷底边缘的山脚下。水池带有栅栏，周围的区域有石板铺地，入口处有狮子把守。这个神圣所在总是人流不断，有些朝圣者常举家前来，他们坐在有铺地的树荫里，或者排队等待着从台阶下到水池中，将供奉的香花、花环与米饭，放置在巨大的毗湿奴身上。僧侣与圣人们并排坐在水池边上静修，妇女们给供奉者点红，即用带颜色的粉末点染前额。

与这个圣地有关的故事非常多，其中之一是说在很久之前，恶魔与神起了争端，无法解决。为了平息争端，巨大的眼镜蛇被横跨着放置在周围被海洋围绕的山顶上，每一方抓住蛇的一端，让交战双方以拔河比赛的方式决定胜负。在双方相互角力的时候，山移位了，下方海洋里海神的漂亮女儿从水中升起。双方便要她来做裁判。结果她判神胜出，毗湿奴便娶了她，使她成为财富之神。但是恶魔一方暴跳如雷，推开了眼镜蛇的头，海洋里顿时冒出了汽体，眼镜蛇的毒液喷射出来，杀死了恶魔。气体与恶魔的毒液混合在一起，在世界上蔓延开来，在给人类带来疾病之后，毒气还升入了天空，连天神也变得恐惧。为了拯救世界，毗湿奴喝下了毒液，随后他感到浑身燥热不安，脖子都变成了蓝色，身体里的血液开始沸腾，眼睛变成了红色。为了使燃烧的身体冷却下来，他躺在了水中，那条刚才还被恶魔与天神拔河使用过的冰凉的眼镜蛇，在他的身体下盘成了一个床垫。毗湿奴之所以这样做，因为他是印度教三大神祇中的保护之神。至于为什么人们称这里为大佛寺，大概因为佛陀是毗湿奴的第八个化身的缘故。在这里，有专人每一个小时都要更换一块放在毗湿奴身上的湿布，为其身体降温。

毗湿奴的水池

多少年以来，虽然有成千上万人前来朝拜，但因为国王不方便前来，于是国王就命人修建了两个与此相同的雕刻，但是要小一些。其中一个放在加德满都郊区的巴拉珠花园里，另一个放置在皇宫庭院里，以便国王可以在每天的任何时候前去参拜。

3. 尼亚塔颇拉神庙

著名的尼亚塔颇拉神庙竖立在巴德岗陶玛蒂广场上。该神庙为五重檐塔式建筑，正方形平面，是谷地中最高的建筑，约 30 米高，由布帕亭德拉·马拉国王于 1708 年修建。这位国王当时统治巴德岗，其形象就在巴德岗杜巴广场高高立起的柱子上。

关于该神庙的修建，流传这样一个故事：从前，巴德岗只是一个小村庄，其名字的意思就是"村庄"，而巴克塔普尔则是"城镇"的意思。为了达到城镇的地位，村民们决定在市场广场上修建第二个，也是更大一点的神庙，因此建起了尼亚塔颇拉神庙。但是已经在广场上接受人们供奉的湿婆妒火中烧，开始残杀百姓。国王为此忧心忡忡，想尽办法才了解到了人们死亡的真正原因。随后，国王也对湿婆神庙进行了扩建，并在尼亚塔颇拉神庙中供奉了密宗的吉祥天女。从此之后，湿婆变得温和而安详了，再没有屠杀发生。

尼亚塔颇拉守卫石雕

　　该神庙的特点之一是斜撑众多，总共有 108 根。斜撑上的图案以神祇为主；神庙的第二个特点是神庙的每一层基座的台阶两边都树立一对体量较大的石雕，这些石雕的排列顺序是以它们的力气来衡量的。上一级基座雕像的力气是下面雕像的 10 倍。排列的顺序是最下层是贾亚玛与达塔，第二层是大象，第三层是狮子，第四层是半狮半鸟的怪物狮鹫，最上层是女神。这一组石雕与神庙本身，都是马拉王朝后期建筑与雕刻艺术的杰作。

　　4. 昌古·纳拉延神庙

　　昌古·纳拉延位于巴德岗以北 4 公里处的一座小山上，据说建于公元 323年，是李察维时代的毗湿奴神庙，可能是尼泊尔现存最古老的神庙，不幸曾经毁于火灾，于 1702 年重建。神庙是两重檐金顶，四面的庙门上都镶嵌大幅铜雕，正面的门头上为毗湿奴立像与大鹏金翅鸟，檐下的斜撑上雕刻精美的女神像，门前石柱上有象征毗湿奴的法器海螺与神盘。庙中的石雕，如毗湿奴坐骑金翅鸟、金翅鸟跪像、毗湿奴撕碎魔鬼像以及毗湿奴仰卧巨蛇身上等神话故事场景，从雕刻风格看，属于公元 5 ~ 6 世纪的作品，或许是印度笈多风格影响下的尼泊尔雕刻。庙前的石碑上是李察维时代最古老的铭文。

昌古纳拉延神庙神殿

昌古纳拉延神庙庭院

5. 活女神之家——库玛丽庭院

库玛丽是尼泊尔家喻户晓的活着的女神。活女神庙与其说是神庙，不如说是活女神的住处，因此也被称为"活女神之家"。加德满都的活女神庙位于哈努曼多卡宫的西南，与宫前会议厅仅一街之隔。它既不是尼泊尔最古老的神庙，也不是最华丽的宫殿，但却是世间少有的神庙。该神庙中供奉的不是铜铸的神像，而是一个活着女神——库玛丽。"库玛丽"的意思是童贞女，一般指12岁以下，尚未发育的小女孩。库玛丽衣饰华丽，颈戴花环，头发上插满珠宝与花卉。库玛丽长年居住在神庙中，有专人侍奉。在库玛丽月经来潮之后，就不能再当活女神，要再从尼瓦尔族"班达"种姓的姑娘中挑选新的库玛丽。库玛丽的挑选有一套十分严格而又保密的程序，惧怕黑暗与血腥的女孩做不了活女神。

库玛丽像

传说尼泊尔供奉活女神的传统始于公元10世纪末，库玛丽被认为是杜尔加女神的化身，也有的说是塔勒珠女神的化身。库玛丽从前一直生活在宫中，并没有专门的寺庙。加德满都的库玛丽神庙修建于1757年，当时的活女神对国王说，马拉王朝就要完结了，应当为库玛丽修建一个永久的住所，让女神有固定的家。于是国王用6个月时间在杜巴广场的最南面修建了一个类似佛教僧舍的建筑。库玛丽的预言不幸言中，修建库玛丽庭院的贾亚·普拉卡什国王在11年之后，在廓尔喀人强力攻打之下匆匆逃离皇宫，成为了加德满都马拉王朝最后的国王。

库玛丽庭院为四合院式的三层建筑，与精致的尼泊尔民居或者王宫庭院没有什么两样。200多年以来，历代库玛丽女神都居住在这里。庭院大门朝向北面的王宫广场，门头雕刻是难近母（湿婆配偶）杀死牛魔王的画面，不似一般神庙大门的门头上雕绘的多是大鹏金翅鸟擒蛇。神庙大门之上，是装饰精美的窗棂与檐柱，上面雕刻开屏的孔雀、太阳神乘坐七马拉车、创造之神与毁灭之神等。神庙的顶层开三扇联窗，居中一扇为金窗。顶层的室内还有活女神库玛丽的黄金宝座，其精美程度可与国王的鎏金雄狮宝座媲美。寺庙底层有孔雀、鹦鹉、大象和表现狩猎、歌舞、性爱等各种雕塑。正对院门的三层楼上，有几扇雕花木窗，库玛丽会偶尔在那里露面，接受信众的瞻仰。

库玛丽庭院装饰母题

附件3：尼泊尔印度教神庙类型分析实例

1. 卡尔纳拉延庙基本信息

供奉：纳拉延神（石雕陵伽）

位置：帕坦杜巴广场

施主：普兰达哈·辛哈

年代：公元1556年

神庙类型：D形平面，双重檐，正方形平面，内墙维护神堂，外墙形成转经廊道。只使用首层的神堂与廊道，天花以上空间不加使用。

平面：底层6.62 * 6.63米

基座13.19 * 13.95米

立面：神庙高度10.60米

基座高度2.49米

总高13.09米

建筑材料：基座表面为砖，基角与边垣为天然石材。

墙体：烧结砖与黏土。外墙与神堂、廊道墙体为面砖，内部为普通烧结砖。

屋顶：传统瓦覆顶。

地面：神堂为天然石材，廊道为质量上乘烧结地砖。

木作：门、窗、斜撑上漆，梁、椽不上漆。

2. 玛珠神庙基本信息

供奉：湿婆（石雕陵伽）

位置：加德满都杜巴广场

施主：拉得·拉克什米，为帕塔维达·马拉国王遗孀

年代：公元1690年

神庙类型：F形平面，三重檐，正方形平面，内墙维护形成正方形神堂，外层为正方形平面开放柱廊。只使用首层的神堂与柱廊，神堂以及柱廊以上空间不加使用。

平面：底层8.44 * 8.40米

基座24.90 * 24.95米

立面：神庙高度16.10米

基座高度4.44米

总高 23.54 米

建筑材料：基座表面为砖，基角与边垣为天然石材。

墙体：烧结砖与黏土。外墙与神堂墙体为面砖，内部为普通烧结砖。

屋顶：传统瓦覆顶。

地面：神堂为天然石材，柱廊用木板铺地。

木作：门、窗、斜撑上漆，柱、梁、以及其他木作不上漆。

卡尔纳拉延立面

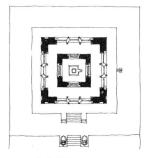

卡尔纳拉延平面

卡尔纳拉延剖面

玛珠神庙立面

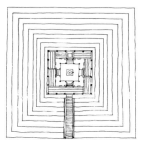

玛珠神庙平面

玛珠神庙剖面

附件4：尼泊尔印度教神庙主要装饰图案

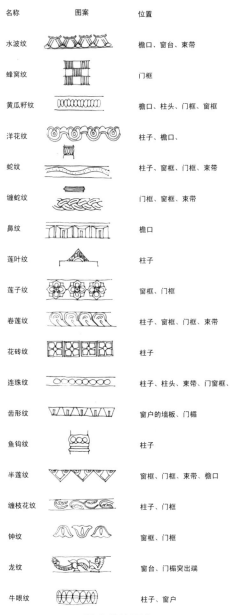

名称	图案	位置
水波纹		檐口、窗台、束带
蜂窝纹		门框
黄瓜籽纹		檐口、柱头、门框、窗框
洋花纹		柱子、檐口、
蛇纹		柱子、窗框、门框、束带
缠蛇纹		门框、窗框、束带
鼻纹		檐口
莲叶纹		柱子
莲子纹		窗框、门框
卷莲纹		柱子、窗框、门框、束带
花砖纹		柱子
连珠纹		柱子、柱头、束带、门窗框、
齿形纹		窗户的墙板、门楣
鱼钩纹		柱子
半莲纹		窗框、门框、束带、檐口
缠枝花纹		柱子、门框
钟纹		窗框、门框
龙纹		窗台、门楣突出端
牛眼纹		柱子、窗户

神庙装饰图案

附件5：尼泊尔印度教主要神祇

名称	象征物	坐骑	特征	备注
梵天	书、花瓶、玫瑰	鹅	四手、四头	面部有短胡须
毗湿奴	狼牙棒、莲花、海螺、法轮	鹰、金翅鸟	四手、一头	
湿婆	三叉戟、法轮、战斧、棍棒	公牛	两手或多手、一头	额头中有第三眼、头发上有蛇、有时手中持鹿
象头神甘尼沙	象牙、刺棒、套索	老鼠	四手、一头	
拉克什米－纳拉延	莲花、海螺、法轮	鹰、金翅鸟	四手	坐姿，是毗湿奴的女伴
拉玛	弓、箭		两手	
大黑天克里希纳	曲棍、		两手	
库玛丽	双手持长矛	孔雀	两手或多手	
因陀罗、莲花	双手持金刚杵	大象	两手或四手	
帕瓦蒂	玫瑰、水瓶、湿婆		四手	
阎王	手杖、套索	水牛	两头或四头	
日神	双手持莲花	七匹马拉车	两手、两头	
月神	玫瑰、莲花花瓶	十匹马拉车	两手	

第四章

文殊菩萨的曼陀罗——谷地佛教建筑

为了放光的五色莲花，当时离开了五台山的官殿，您啊，科学和艺术的大师，一手拿着书卷，一手提着宝剑，您将山岭劈开，将湖水排干，尼泊尔的名字这才出现。通达宇宙之源的大师啊！您教会了我们人生的要件。

——《献给曼殊师利》尼泊尔诗人屠拉达尔

一、佛教寺院类型

从加德满都谷地城镇形成的传说故事中，我们已经知道，谷地的历史与佛教有非常深厚的渊源，是文殊菩萨用他的宝剑在纳加哈达湖南面低矮的山上劈开了一个豁口，形成了廓巴峡谷，疏通了水流。据说那随水远去的

文殊劈山处

蛇神至今依然居住在廓巴峡谷的陶达水塘当中。至于印度教传说那个豁口其实是毗湿奴用他的铁饼划开的，如果我们知道毗湿奴的第八个转世化身就是佛陀，也就更容易接受佛陀与尼泊尔的渊源。

由于印度教与佛教神祇相互的功用及其宗教仪式在尼泊尔的巨大影响力，加德满都谷地的宗教并没有太多的教派之分，同一座寺庙或者神庙中会同时放

置印度教与佛教的偶像。

谷地佛像

　　还有传说佛陀曾经到过加德满都谷地，并且在一座精舍里居住过二三年，另外，阿育王的女儿恰鲁玛蒂公主还在帕坦城北修建了"查"精舍。李察维时期的碑文曾经记载，"查"精舍非常广大，有围墙环绕。现在的"查"精舍中心建筑是一个两层楼围合的庭院，门窗全部朝向庭院。在离开精舍 10 米远的地方，是一个由多层住宅围绕的广场。想要从精舍里出到街上，必须通过一个门廊，穿过北面的一排房屋才行，地点较为隐蔽。

　　事实上，尼泊尔佛教建筑的起源至今还没有搞清楚，研究者也不明白为什么千百年来谷地佛教寺院的结构一直保持不变。但可以确定的是，精舍的平面布局形式至少延续了 2000 年时间，这一点可以从保存完好的印度西部阿旃檀石窟寺院以及埃罗拉石窟寺院平面形式中得到证实。这些石窟寺院包括一个正方形的中厅，很多的小房间或者龛窟围绕周围，作为僧人修行的僧房。入口对面的房间要比其他房间大一些，是寺院主神龛位置。这样的平面布局方式，在尼泊尔佛寺建筑中一直保持不变。

帕坦黄金寺庭院

尼泊尔的佛教寺院分为"毗哈尔"与"巴提"两类。"巴提"相当于佛殿，以供奉为主；"毗哈尔"即精舍，是僧侣与其家人的住宅，通常是围绕庭院修建的两层建筑。与独立存在的印度教神庙较为高耸与突出不同，佛教寺院通常与周围民居的环境相互融合，埋没于背街陋巷之中，就算是不经意间走过它的身边，也会很容易错过，因为它们与周围民居真的难以分辨。其实，谷地的佛教寺院数量并不少，仅在加德满都谷地，就有超过400座佛教寺院。在旅游开发较好的谷地三座主要城镇，导游图中也会标注著名的佛寺。在某些著名寺院所处的街巷口，也有较为明显的指示标志。如帕坦的大觉寺与黄金寺，就都被标注在导游图中。

1. 巴提（Bahil 佛殿）

巴提与印度教神庙的功能相似，多用于崇拜，是建立在高于街道水平面，有升起的平台和台阶的两层建筑，中间是一个下沉的正方形庭院，庭院中多用方砖铺地。

我们这里以"品图"巴提为例详细说明。

巴提

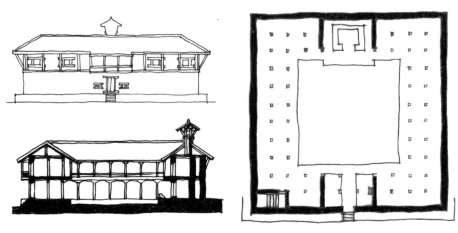

巴提立面、剖面、首层平面

　　"品图"巴提位于帕坦，据说修建于 12 世纪，现存的建筑可以追溯到 16 世纪，在 17 世纪的时候曾经进行过大规模的修缮和加建。

　　除了沿街的立面上有门洞作为入口供人通行之外，底层的外墙完全是封闭的，开敞的柱廊朝向庭院，门窗也是一样仅朝向庭院，人们只能从向内的窗户和门俯视庭院。建筑入口处的分隔墙是木板的，与门洞相连，形成了一个门厅。巴提的入口有两座雕塑把守，门左边是摩诃克，右边是象头神。主神龛安置在入口对面，其中供奉释迦牟尼佛。

在中心神堂中，用非承重墙形成了一个回字形走廊围绕着神堂，以形成重要的转经空间。神堂本身是一个没有窗户的四边形房间，只有一扇朝北的门。除了门厅以及神堂的门，没有分隔出其他空间。在入口处旁边的一个角落里，设置了一个宽大的石头楼梯，这在尼瓦尔民居建筑中并不常见。通常尼瓦尔民居的楼梯都设在庭院的四个角落，楼梯也多为木制，比较狭窄和陡峭。

木制楼梯

一般来说，巴提庭院四周的两层建筑，都建有面向庭院的突出阳台，使得上层空间扩大了很多。上层为一个开敞的大厅，但是在南边有一个暗房，因为正下方是神堂，因此上面不能任人走动或踩踏。

巴提朝向街道的外墙上开有三个或者五个窗户，但是暗房的后墙上却不能开窗。事实上，即使有开窗，对增加房间里的光线也没有什么作用，多半只是为了审美目的而设置的。

巴提的屋顶虽然非常宽大，屋顶下的空间通常也无法利用，因为这里要安放宝顶。

相比宫殿建筑与印度教神庙，巴提显得比较朴素，立面通常是对称的，入口两侧的墙上嵌入两个仅作为装饰的盲窗，墙壁用没有什么装饰的普通面砖砌筑。

2. 毗哈尔（Bahal 精舍）

精舍是僧侣修行与传授经文的地方，相当于学校以及僧侣的住宅。古代印度的那烂陀寺，便是由许多精舍构成的，实际上是一所传习学问的综合性大学。毗哈尔也是围绕庭院修建的两层建筑，分成可以向内俯瞰庭院的不同用途的房间。但是随着时间的推移，现在很多毗哈尔都已经过改建。我们以加德满都保存相对完好的查斯亚毗哈尔为例。

查斯亚的尼瓦尔文意思是"太阳晒干稻谷"。根据碑文记载，该毗哈尔于公元1649年的3月14日竣工。在同一天，哈里哈那佛像被安放在寺院神堂之上。

该寺院建在一个低矮的台基之上，与巴提一样，也是下沉式庭院，一圈狭窄的走廊围绕庭院，走廊略高于庭院。环绕庭院的房间可以分成以下几类：

1）开口朝向庭院的厅堂，也是旁边放置两条长凳的入口，天神摩诃克与象头神甘尼沙立在凹进的壁龛里。侧翼还有两个狭长的厅。

2）没有窗户的神堂位于入口的对面。

3）其他没有窗户的房间都只有一扇门可以进入，这样的四个房间有通往楼上的楼梯。

与民居的结构相似，这里位于四个角落的每一部楼梯都可以通向上层三个为一组的房间。但是这四组房间是分开的独立单元，没有相互交通的门或者走廊连接，私密性很好。一个位于入口门厅上方的凸窗突出于庭院之上，强调了后面的房间。

屋顶之下的空间同样不使用，因为这里正好位于神堂之上。在屋顶的正脊上，是一个覆钟形宝顶，称为"噶举"。

该建筑的立面通过中间与屋角部分，以及门与窗户位置的安排达到对称。外墙上建有5联窗凸出墙外，内部庭院里为3联凸窗。底层的外墙上没有窗户，入口处的两边有两个装饰性的盲窗。除了神堂的窗户被省略了之外，上层的内墙与外墙上都有中心窗，每一个窗户是根据它的具体位置设计的。凸窗以及立面中间的窗户为毗哈尔独有的形式。墙砖通常为质量上乘的砖，形状也较

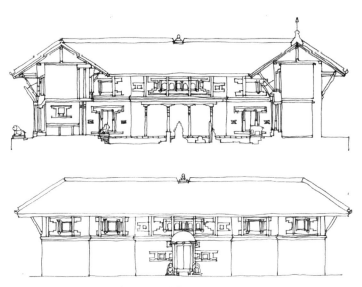

查斯亚毗哈尔剖面、立面

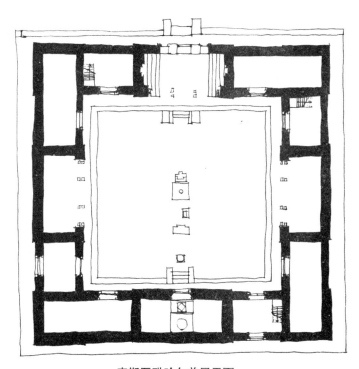

查斯亚毗哈尔首层平面

为特殊。外墙上抹灰，内墙为灰泥抹面，刷成白色。入口以及神堂的门用门头装饰，以标志与其他建筑的区别。

通过观察，我们会发现，精舍类型的寺院通常建在居民区之外，由某一个施主修建，比如某位国王或者高僧大德等，是僧人修行、传教、布道以及为云游到访的行脚僧侣提供食宿的地方。另外，由于密宗允许僧侣结婚，一旦僧侣结婚后，就要离开寺院，加入到精舍，或者与其家人共同居住。

随着小乘佛教的逐渐流行，在加德满都谷地，越来越多的小乘佛教寺院毗哈尔建立起来。原来加德满都只有 18 个主要毗哈尔，后来围绕这些主要毗哈尔，又修建了 90 多个分支毗哈尔。到了 18 世纪末，佛教又一次衰落，让位于印度教，从此再没有新的寺院诞生。很多从前的佛教寺院或改头换面成为民居，湮灭在拥挤的街巷中，已经没有多少完整的精舍得以保留下来。

表 4 - 1 - 1　毗哈尔与巴提建筑特征比较

毗哈尔（精舍）	巴提（佛殿）
狮子守卫入口； 建筑外部有一个很低的平台环绕； 入口大门上有门头； 由门厅定义入口区域； 前侧的中央房间有凸窗朝向庭院； 四部楼梯通向 4 个独立的房间组群； 小房间组群组成独立的组群； 神堂是建筑结构的一部分； 神堂是柱廊结构内的一个独立小房间； 宗教活动在神堂中进行； 覆钟状宝顶直接放置于神堂之上。	没有守卫兽； 至少有一级较高的台阶构成的平台在建筑外部围绕； 入口大门上没有门头； 分隔墙形成入口区域； 前侧中央的房间带有宽门道，有朝向街道的阳台； 有一个宽大石头楼梯通往上层大厅； 两层都带开敞的内廊柱结构； 宗教活动在神堂内或者环绕神堂进行； 与神庙相同的塔楼位于神坛上方。

3. 毗哈尔 - 巴提（精舍型佛殿）

在加德满都谷地的佛教建筑中，还存在以上两种寺院的结合类型。两类寺院的结合通常表现为一个围绕正方形庭院的三层建筑，寺院平面与精舍相似。底层以及第二层也与毗哈尔结构相同，三层则类似巴提的上层。这种两种建筑类型的组合形式非常完美，不用牺牲任何一类寺院的基本风格。我们再看一个实例：斯里德塔·摩诃精舍。

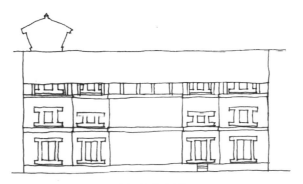

摩诃精舍立面

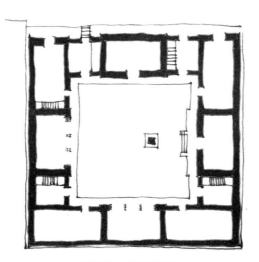

摩诃精舍着层平面

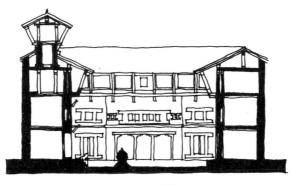

摩诃精舍剖面

该寺院也位于帕坦，大致建于 1640 年。该寺立于一个台阶的平台之上，与其他毗哈尔一样，有一个由回廊围绕的下沉式庭院。建筑三面围合，立面朝向街道。其立面比较独特，因为朝北的神堂在立面的中间部分，就使得狭窄的门廊被设置在了建筑的一侧。

该建筑底层的所有房间都是从庭院进入的，房间并不都是对称分布的。主神堂朝东，次一级的神堂位于前侧，朝北。剩下两个侧翼的中心房间是独立的。如毗哈尔的结构一样，有四部楼梯通往二楼，但其中只有一部楼梯可以通往三楼。

第二层的房间也分为四组，除了主神堂上方为暗室之外，所有主立面的房间都有可以俯瞰街道的窗户。在民居建筑中，庭院入口上方通常是不设窗户的。

整个第三层是一个带有柱廊的大厅。在主要神堂之上的暗室上方，是由四根柱子支撑的宝瓶。三层的神堂没有暗房，开放的平面延伸向庭院形成了一个凸出的狭窄阳台。屋顶也不加利用。

与毗哈尔一样，该建筑的立面划分为 5 个部分，神堂所处的位置没有窗户和门。四个立面都有一个门。在门的上方都有一个窗户。面对庭院的墙面被分成三部分，下面两层与毗哈尔相同。三层的阳台用精致的栏杆封闭，与窗户相似。每一个阳台只有中间部分可以开启。

除了以上三种较为常见，并具有共同特征的寺院之外，尼泊尔还有一些家庭毗哈尔、大型毗哈尔以及佛殿毗哈尔。

家庭式毗哈尔由几所民居建筑围合，带有一个小庭院，小神堂通常就贴在建筑的墙上或者院子的墙上。

大型寺院拥有一个正方形的广场，由两层或者三层的民居建筑围合。至少有一座神堂建立在民居建筑之间。在广场上，就还可以看到神堂和佛塔。这类寺院的尺寸通常为 47 * 47 米，或者 75 * 22 米、80 * 50 米。

佛殿毗哈尔的中心，通常会竖立着一个主要佛殿，周围也是民居围合形成的广场。寺院位于一个较大的开放空间中，周围由福舍以及边墙围合。

4. 谷地著名佛寺

虽然谷地城镇和乡村中的佛教寺院有 400 多座，但由于历史原因，其名声多被印度教神庙所掩盖。加上佛教寺院多隐匿在狭窄的背街小巷之中，发现它们还要费些周折，佛教寺院的处境就更加不乐观。

1）帕坦黄金寺

帕坦黄金寺入口

黄金寺名为希拉亚瓦纳寺或苏瓦纳·摩诃毗哈尔，说明该寺院为精舍。寺院位于帕坦杜巴广场北面一条人流活络的石板路旁。这里往来朝访者络绎不绝，特别吸引来自西藏与东南亚的信徒，是谷地人气最旺的寺院，也是当地举办佛教盛会的主要地点。

寺院名为黄金寺，并不是说寺院为黄金制成，而是因寺院中随处可见的纯铜发出的光芒。相传该寺庙建于 12 世纪，但关于它存在的文字记录，最早只能追溯到 1409 年。寺院主建筑为三重檐塔式建筑，与印度教神庙相似。寺顶上也有数条铜质垂带搭到屋檐之下，垂带都是由数十块刻花的铜挂连接而成。这个佛寺可谓金光灿烂，因为寺内的菩萨像、巨型转经轮、寺院庭院里的小庙、寺前石基上的立狮以及基座上的怪兽，佛寺的大门和门头、门楣上方两排 15 个神龛，甚至寺院正面的一整面墙，都是纯铜雕刻的。

黄金寺上层大厅

黄金寺内黄金墙

　　主殿内有一尊精美的释迦牟尼神像，庭院的最右边是身披一件绚丽的金银斗篷的菩萨像。庭院的中央有一座装饰华美的小寺庙，金色的屋顶上耸立着一个极为绚丽的钟形极顶。寺庙内最古老的部分有一座小佛塔。庭院的四角有尊湿婆化身像，此外还有四只猴子手捧木菠萝供品的雕像，雕功极为精湛。

猴子奉果

该寺庙的另一独特之处在于在这里侍奉的，都是十二岁以下的男孩子。他们每人在庙里侍奉30天，就会换另一个孩子来帮忙。这些男孩子的日常工作是打水、清理寺庙、安放祭品及花束等。

黄金寺庭院

2）帕坦千佛寺

千佛寺入口

千佛寺又名大觉寺，位于帕坦杜巴广场西北面，同样隐没于一座庭院之中。与周围的新建筑相比，它显得非常矮小。大觉寺事实上是一座印度西卡拉风格的佛塔，据说是仿照印度菩提迦耶（Bodhgaya）的金刚宝座塔（Mahabouddha Temple）修建的。据说大觉寺是用 9 千块特别烧造的巨型红砖砌成的，因为每块砖上都有释迦牟尼佛像一尊，故得名千佛寺。

大觉寺大概建于 1583 年，因为在 1934 年的大地震中遭到了严重的破坏，佛塔后来被推倒重建。遗憾的是，由于重建工作缺乏计划，导致重建的大觉寺剩下了大量砖石，这些砖石又被用来在帕坦杜巴广场西南角修建了一座印度西卡拉风格的摩耶夫人神殿。

现在的佛塔为方形，建在一座约 5 米高的基座上，基座的四角各建有一座小塔，形成金刚宝座塔样式。主塔高为 30 米，塔身分为五层，每层的四面各辟一方形门，门两侧立圆形石柱，门楣上饰以精美雕刻。塔的一二层之间还有小飞角短檐相隔，中间部分没有明显的分层，但塔身渐次变小。塔顶为圆形，覆以鎏金宝顶。

千佛塔

三、窣堵坡

窣堵坡事实上是一种没有内部空间的建筑类型，同样被认为起源于印度。虽然在古代印度和佛教广为流传的亚洲其他地区，窣堵坡表现出了极为不同的形式，尼泊尔的窣堵坡却充分体现了对印度最原始的窣堵坡原型的模仿。但我们也必须承认，尼泊尔的窣堵坡在基座和圆形穹体部分与印度窣堵坡原型还是有着极大的不同，形成了尼泊尔佛塔建筑的独特发展形式。不仅如此，这种佛塔建筑及其变体，还曾经深深地影响了中国内地，特别是西藏的佛塔建筑形式。

公元1260年，元世祖忽必烈请求国师八思巴在西藏建造一座金色佛塔，向尼方"发诏徵之"。尼泊尔国王贾亚比姆·马拉"搜罗得八十人，令自推一人为行长，众莫敢当，有少年独出当之。"① 这便是年仅17岁的尼瓦尔人阿尼哥。传说阿尼哥首先在西藏萨迦寺修建了一座佛塔，但其形制现在已经无法考

---

① 程钜夫：《雪楼集》，卷七，《凉国惠敏公神道碑》，上海辞书出版社2005年版。

证。八思巴惊其才华，便将其带入京城，觐见了元世祖。阿尼哥之后在中国工作了40多年，并最终在中国去世。"最其平生所成，凡塔三、大寺九、祠祀二、道宫一"。所谓的"塔三"，研究者通常认为，是指其在西藏所建一座佛塔，1267年建成的北京妙应寺白塔，1310年建成的五台山白塔。

妙应寺白塔

五台山白塔

1. 窣堵坡发展源流

在古代印度，窣堵坡是半球形的实心土丘，圣骸、如牙齿、指骨、头发之类，都埋在塔顶的一个叫佛邸的小亭子里。研究者认为，半球形可能起源于民间坟墓的土堆，也可能起源于印度北方竹编抹泥的住宅屋顶样式。还有一种起源学说则认为，半球是古代印度人宇宙观的体现，因为印度人相信宇宙是完美的球形，而佛邸顶上一圆盘串连而成的相轮轴，便是宇宙的中轴。佛乃是宇宙的本体，相轮轴四周围着一圈方形的栏杆，以四角朝正方位。初期的窣堵坡以土制，表面用火焙烤。后来则用砖或石砌表面。栏杆虽然用石材，装饰却忠实地保留着木栏杆结构和节点的特色。

在一个不太长的历史时期内，印度曾经出现了大量窣堵坡，如巴胡尔大塔，以及著名的桑奇大塔。这类窣堵坡都有围栏围合，在围栏的主要方位设有立柱和横梁构成的大门（torana）。至于窣堵坡本身的造型，一般都是圆形基座，其上的主体是一个被称为"安荼"（anda）的覆钵。覆钵顶部有一个被称为佛邸，也称为宝匣（harmika）的小平台，在平台的中央是一根竖轴，由一系列向上半径逐渐变小的伞盖（相轮）构成，代表宇宙之轴与佛陀。人们认为，窣堵坡是对天穹的隐喻，象征佛的无处不在和无形；窣堵坡还是佛的化身，是对佛以及整个宇宙和精神世界本质的体现。

桑奇窣堵坡

在印度，最为重要，也是最大的窣堵坡桑奇，大约建于公元前250年，据说阿育王亲自选桑奇作为隐修之地。他从波斯召来匠人在高处建立了纪念柱。桑奇的窣堵坡半球直径为32米，高2.8米，立于一个4.3米高的圆形台基上，台基的直径是36.6米。顶上栏杆里的佛邸有三层相轮。公元前2世纪，以桑奇窣堵坡为中心，形成了一个庞大的僧院建筑群，包括庙宇、僧舍、经堂之类。该窣堵坡本来是用砖砌的，在外面包了一层红砂岩，外围一圈栏杆也是用红砂岩造的。公元前1世纪的时候，外围栏杆上在正方位造了四座门，这四座门高10米，也都是仿木结构，雕饰非常华丽，有浮雕，也有圆雕，题材多是佛祖本生故事。桑奇窣堵坡的重要性不仅表现在其宗教意义，也体现在它将建筑与雕刻结合在一起，并可以由此来追溯窣堵坡的起源。

在古代印度贵霜王朝时期，印度北部曾经同时存在三种主要艺术风格：安达罗艺术、犍陀罗艺术以及马土拉艺术。在这三种艺术风格中，都有窣堵坡形式，但其建筑特征稍有不同。安达罗，即今天的印度安德拉邦地方的窣堵坡也为半球形，但覆钵更为饱满，位于比桑奇台基更高的鼓座状基座上；在印度西北部受犍陀罗艺术影响较大地区，窣堵坡上部为木构造，有强烈的竖向趋势。有些研究者认为是西藏佛塔建筑的鼻祖。

在窣堵坡的演变过程中，位于覆钵塔身下部的方形台基逐步变成一种竖向元素，即在四个方向之上形成陡峭的叠涩台阶，并通过向上的逐层内收保持向上的空间感，逐步向印度教西卡拉神庙风格转换。在窣堵坡向亚洲其他地区传播时，也有些不同的变化，或者是向印尼的婆罗浮屠那样规模庞大，或者像中亚地区的窣堵坡那样完全成为纪念物，或者在窣堵坡的覆钵之内设置供奉佛像的龛窟，使这类建筑不再具有无内部空间的特征，如同西藏白居寺吉祥多门塔。

西藏白居寺塔

由此看来，尼泊尔加德满都谷地以及斯里兰卡的窣堵坡，还是在整个建筑特征上比较完整地保留了最原始的印度窣堵坡形制。

斯里兰卡古佛塔

帕坦阿育王窣堵坡

2. 谷地窣堵坡建筑特征

在加德满都谷地，今天依然可以随处看见大大小小的窣堵坡分布于大街小巷。你在不经意间向一座小庭院中的一瞥，就可能发现其中竖立的窣堵坡。在尼泊尔窣堵坡的发源地帕坦，有被认为是谷地最古老的窣堵坡普拉瓦窣堵坡以及查希巴建筑群。在查希巴建筑群中，还有据说是以阿育女儿妙俱命名的窣堵坡，可惜现在这些窣堵坡都经过了重建。

查希巴窣堵坡

加德满都谷地的大型窣堵坡形状都比较独特，寓意也很特别，与泰国和缅甸，以及亚洲其他地方的佛塔有很大不同。一般来说，谷地的大型窣堵坡都有白色的球形塔身，上面是正方形佛邸，四个面上都绘制着一双细长的眼睛。在眼睛的上方，是金属的或者砖砌的十三相轮，顶部有伞盖等更多的装饰以及飘扬的经旗。

加德满都谷地的每一座大型窣堵坡都具有五个基本元素：首先是围绕基座的转经筒；其次是由白色覆钵形成的基座，据说象征佛陀母亲的子宫；第三是窣堵坡佛邸上绘制的两只眼睛，象征太阳和月亮。当地有一种说法，这是佛陀俯视尼泊尔以及其地众生的永恒之眼。因此，这里的人们不能作恶不端。在两只眼睛中间的，是一个圆形的第三只眼，这是佛陀和平的象征，也有人说代表佛陀的纯洁。在眼睛中间，有像问号一样的装饰，这是佛陀知识的光芒。另有一种说法，这是一个人在打坐静思的时候脊柱的形状，是一种神圣的状态。因为只有打坐默想，才能达到清净，得到象征性的第三只眼；第四个元素是每一座加德满都谷地的窣堵坡都有一个达到净化的"十三个阶段"，这个阶段用塔

的十三天来表示；第五个元素是十三天
上面的冠，代表着苦难的终结以及达到
涅槃，是人一生追求的境界。至于飘扬
的经旗，通常固定在塔顶，向四方放射
状展开，从很远的地方就可以看到它们
在空中飘扬。

有研究者认为，尼泊尔公主的查希巴窣
堵坡可以被看做是这种纪念性建筑形式
传入尼泊尔后产生变异的一个基点。[1]
首先，该窣堵坡充分模仿了其印度原型
的样式，其主体部分是一个巨大的白色
半圆球体，半球体上方有一个方形的宝

尼泊尔窣堵坡分析图

匣，支撑顶部的十三重角锥形塔刹。宝匣的特别之处在于四面都绘有人脸的样
子，漆了颜色的大眼睛格外引人注目。

佛塔上的眼睛

---

① 单军等译：【意】马里奥·布萨利，《东方建筑》，中国建筑工业出版社，1999 年版，第 227
页。

在保持其最初结构不变的基础上，加德满都谷地的窣堵坡在基座和圆穹顶的形式上也略微有些变化。如保纳特窣堵坡的基座是由两层高度不同的巨大平台组成的，而帕坦5塔的穹体也并不是一个完整的半球体，它在与下部墙体的接合处形成凸起的曲线，作为圆穹体和基座的连接结构。至于斯瓦扬布纳特窣堵坡，则不仅在宝匣的四个面上加了山墙式的金属和象牙镶嵌装饰，还在上面雕刻了五座结禅定印的佛像。

3. 谷地著名窣堵坡

现有研究并没有证明佛陀是否在公元前5世纪中的某个时候造访过谷地，但是在加德满都市中心一条不起眼的路上，有一个"佛祖石箭"。传说是佛祖到此地时从一座山顶上投掷过来的。

现有研究也没有证实大约公元前250年的时候，印度孔雀王朝的国王阿育王是否在帕坦修建了五座窣堵坡。但有些研究者认定，这些个佛塔绝对不是建立在佛陀的遗物上的窣堵坡，而是代表宇宙四个纪年的支提（塔）。尼泊尔历史学家认为，在尼泊尔，支提与窣堵坡的最大区别就在于支提中没有保存佛陀的遗物，也没有与任何与佛教圣人与传道者有关的纪念物，如帕塔的大觉寺，但是谷地的两座窣堵坡，的确与圣人有关。

1）斯瓦扬布纳特（Swayambhunath）

斯瓦扬布纳特窣堵坡，梵语意思为"自在如来"，因此该窣堵坡也被称作"自在如来塔"。斯瓦扬布纳特位于加德满都西郊的小山之上，迄今有2500多年的历史，是谷地中名气最大的佛塔。尼泊尔人也称其为"四眼天神庙"。因为附近有许多野猴出没，经常被游客称为"猴庙"。

"斯瓦扬布"的尼瓦尔语意思为"自体放光"。根据藏传佛教故事传说，该佛塔是在很早之前的顶髻佛时代天然形成的，藏语称之为"让琼"。那时，加德满都天然湖泊中长出了一株由五种宝贝聚合而成的千叶莲。在花蕊中，天然长出了一座一肘高，具有如意佛心情的琉璃塔。由文殊菩萨幻化而

斯瓦扬布纳特

来的金刚大师强白拉从五台山前来朝拜该塔，发现不具幻术的普通人根本无法接近该塔，便用利剑劈开山峦，将湖水泄去，显现一座小山。最初名曰莲花山，后曰金刚山。文殊菩萨为该塔加持，授予 12 字咒文。后来，来自印度的一位国王普拉昌德·蒂瓦因为岁轮回之苦产生厌离之情，便抛弃王位，在该佛塔附近出家，成为持金刚萨埵戒者。为了维护这座小琉璃塔，他在塔外面涂上泥土，把塔包在了里面。他又在塔周围建起 5 座小庙，在其中分别供奉土、水、风、宝、火神。此后，尼泊尔便在很长一段时间内出现了五谷丰登的吉祥景象。还有史书记载，释迦牟尼佛曾经在斯瓦扬布山的东边修行，在那里收了 1500 个弟子。

这个藏族故事在某种程度上弥补了斯瓦扬布纳特不甚清晰的历史，也为我们间接证实了尼泊尔窣堵坡形制来自印度。斯瓦扬布纳特建在砖与黏土砌成的巨型半球体上，纯白色的塔基，金黄色的塔身，高耸的华盖，是谷地佛塔建筑的典型代表。当地人认为，佛塔可以分成五个层次：白色的半球形基座象征"地"，方形塔身象征"气"，高耸的三角锥形象征"水"，圆形的伞盖象征"火"，螺旋形的宝顶象征"生命的精华"。

在窣堵坡的两侧以及主要入口处，有两座并立的小型神庙，两个面目狰狞的守卫保护着通往窣堵坡平台的入口。藏族故事说，这两个凶神守卫并不是禁止百姓们靠近窣堵坡，而是不

通往斯瓦扬布纳特的台阶

肯让里面的佛陀离开斯瓦扬布纳特，因为西藏人曾经说，如果佛陀肯到西藏去的话，他们就会在西藏建一个更加富丽堂皇的窣堵坡。加德满都人自然不希望佛陀离开，因此就在窣堵坡两边安放了守卫。

佛塔主要入口处台阶的两边有两个巨大的狮子雕塑守卫着主要台阶的通道。在狮子中间，是无数的金属金刚杵面对着从陡峭的台阶向上攀登的朝圣者。在这里，金刚杵的象征意义是佛陀向因陀罗表示感谢。因陀罗是印度教神

祇，他曾经用金刚杵搭救了被恶魔攻击的佛陀。

千百年来，成千上万的信徒每年到这里来朝拜这个著名的神迹，但是在触摸到大佛塔之前，必须先攀登300级的陡峭台阶，才能到达窣堵坡的平台上。

斯瓦扬布纳特的猴子

半球形的塔基在四个方位上都有三重檐的金门、金顶佛龛，大塔的基座现在用一圈铁栏杆围住，在每一个栅栏的立柱上都有转经筒。佛塔的四个方位还供奉着度母与金刚手。塔基之上是一个巨大的四方体佛邸，这个四方体的四壁上涂有四副眉眼，佛教徒称之为慧眼。当地人认为，慧眼意在警示世人："佛的法眼永远在你左右，任何恶行都瞒不过佛的眼睛，所以要多做善事，戒除恶心。"至于慧眼下像红色问号的鼻子，人们认为其意思是："只有止恶行善，方能离苦得乐。"在佛邸之上是圆锥形十三相轮组成的塔身，象征十三重天；塔身的顶端承托一个巨型华盖。华盖是用厚木板做成的，上面再覆盖铜质板瓦，板瓦之间用铜脊瓦接缝。华盖的一周旋绕数十挂铜质透雕的华幔，每挂华幔下面又悬挂一口小铜钟，在清风的吹拂下发出悦耳的声响。佛塔的伞盖意味着"皈依三宝即能得到佛的荫庇与护佑。"华盖顶上是数米高的铜质鎏金宝顶，每当晴天或者日出、日落时分，坐落于一片翠绿之上的斯瓦扬布纳特就会在太阳的照射下发出耀眼的金光。

斯瓦扬布纳特前的"天鼓"之上有一件巨大的金刚杵，"天鼓四周雕刻十二生肖的浮雕，非常精美。所有这些都建于17世纪中叶的马拉王朝时期。

天鼓

在斯瓦扬布纳特窣堵坡周围还有众多小型庙宇、经塔、神像以及窣堵坡。小型佛塔在这里被称为支提，是某些家族或者是高僧的纪念性佛塔，雕刻非常精致，装饰也很华美。大塔周围的那些并不起眼的小寺庙有非凡的意义，例如大塔东北角的二重檐金顶寺庙哈里蒂寺是斯瓦扬布纳特的保护神庙，在其右侧的斯瓦扬布纳特庙是建于18世纪的不丹喇嘛寺；东面的两座塔式建筑是普拉塔帕·马拉国王在300多年前修建的，寺院的大乘金刚四尊护法神像，分别被雕刻成乌鸦、夜莺、狗与猪的形象，非常具有创意。

值得一提的是，斯瓦扬布纳特与中国历史上的渊源还不止文殊菩萨。公元7世纪中叶，唐朝特使王玄策在第三次出使尼泊尔时，曾经代表唐高宗将一件极为贵重的黄袍赠与当时的斯瓦扬布纳特寺院。公元17世纪，清朝使节到尼泊尔访问时，也向该寺赠送皇帝布施的厚重礼物。在斯瓦扬布纳特周围众多寺院以及住宅建筑中，不少是藏人在最近半个世纪修建的藏传佛教寺院，如"甘丹强巴林"、"迦衮谢珠"、"甘丹土吉却林"等，还有一些僧侣以及他们家人的住宅。

　　虽然这里总是有成群结队从尼泊尔各地以及从印度等周边国家地前来朝圣的佛教信徒，你依然可以看见小猴子们在佛塔周围旁若无人的嬉戏玩耍，寻找食物，天真的孩子们也将大塔的平台作为他们游戏的场所。

　　2）保纳特（Boudhnath）

保纳特佛塔入口

保纳特佛塔

除了斯瓦扬布纳特之外，谷地著名佛塔还有保纳特大塔和也让佛塔。保纳特佛塔位于加德满都城东约 6 公里处，相传建于公元 5 世纪左右，是李察维王朝的希瓦·蒂瓦国工所建，塔中安放的是释迦牟尼的弟了摩诃迦叶的舍利。该塔不像斯瓦扬布纳特那样雄踞于小山之巅，而是立于民居之中，显得更加傲立于世。

　　保纳特是尼泊尔最高大的佛塔，高 36 米，周长 100 米。"保纳特"的梵文意思"正觉之地"，因此该塔也被称为"觉如来塔"，但尼瓦尔人则更愿意称其为"露珠塔"。传说当初修建此塔时，正逢尼泊尔干旱，无法取水，建塔的人就采集露珠来和灰泥。16 世纪时，该塔曾经由来自西藏的宁玛派喇嘛修复，19 世纪中叶到 20 世纪中叶，该塔一直由来自中国西藏的喇嘛掌管。

　　在藏族的传说故事中，该佛塔的建造也与文殊菩萨有关。文殊菩萨曾经幻化成一位十分贫苦的妇女，带着 4 个儿子，经过很多年的努力，终于将塔建成。每天从早到晚，都有尼泊尔各地，特别是来自锡金、不丹、拉达克和西藏的朝圣者在这里转经。

　　保纳特与斯瓦扬布纳特的建筑形式大致相同，也是在半球形的塔基上有正方形的佛邸，上面是 13 天、伞盖与宝顶。除了规模比斯瓦扬布纳特更宏大之外，这两座塔有以下几点区别：

　　首先，保纳特大塔有一个巨大的圆形基座，基座的外缘建造有 108 个壁龛，每个壁龛里面都雕刻一尊阿弥陀佛的浮雕。在基座之下，还有一个三层台阶的白色石砌基座。每一层基座都是 12 折角的正方形平台。在 12 个角上，又各建一个数米高的小佛塔。平台通往塔基的入口处由一对大象守卫。大塔周围圆形的墙垣上，还环列 147 个壁龛，每一个壁龛中都设置有四五个转经筒。

　　其次，该佛塔是可以登临的。循着一条直达塔腹的攀塔小径，可以登塔祭祀和瞻礼。入夜之后，还会有人点燃盘旋在塔腹之外的千盏佛灯，远远望去，恰似一条盘旋在神圣佛塔身上的火龙，蔚为壮观。

　　再次，四方形佛邸上的佛眼也有所区别，四面佛眼为红色、白色和蓝色三种颜色构成。

　　另外，保纳特与斯瓦扬布纳特在建筑形态上的最大不同表现在白色的半球形塔基上，竖立的是金色方锥形尖塔，而不是圆形塔。

　　如上所述，该佛塔与西藏有非常深厚的联系，佛塔周围的区域甚至被称为"小西藏"。有人认为这里颇具拉萨八廓街的风格，是一个围绕着大塔的基座发展起来的圆形小城镇。从大佛塔辐射出去一条条散发着神秘气息的小巷，分布着各种贩卖藏式工艺品的小商店。店主除了藏人之外，还有夏尔巴人、塔茫人等尼泊尔信仰佛教的民族。据说在保纳特佛塔周围，一共集中了 20 多座藏传佛教寺院，其中最著名的当然是宁玛派喇嘛的小庙，正对着大塔转经围廊的小门。目前这里的主持僧人切尼喇嘛以出售藏毯和古玩为生，他还自称是达赖喇嘛在尼泊尔的代表。

保纳特佛塔旁藏寺

第五章

红砖围合的庭院——尼瓦尔传统民居

　　尼瓦尔人是尼泊尔民族，多居住在交通便利、商业发达的地方，尤以加德满都河谷最为集中。属蒙古人种南亚类型。使用尼瓦尔语，属汉藏语系藏缅语族。普遍信教，宽容异教，印度教和佛教同时流传。民族来源至今尚无定论，有人认为来自中国西藏，有人认为系由土著居民与外来移民融合而成。历史和文化悠久。尼瓦尔人实行种姓制度。行一夫一妻制，偶有抢婚现象。寡妇可再嫁。下等种姓的人主要务农，中等种姓的人多经营商业和手工业，上等种姓的人部分在政府部门供职。

——《百度百科》

一、尼瓦尔人的艺术人生

　　在前言中我们已经了解，占尼泊尔人口绝大多数的尼瓦尔人，是尼泊尔各民族中最具有艺术气息与创造性的民族。他们是尼泊尔艺术的创造者，尤其是在金属造像以及建筑方面，尼瓦尔人具有非常精湛的技艺。可以这样说，加德满都谷地的所有神庙、宫殿、寺院与民居，都是出自他们的手。非但如此，中国西藏的众多寺院中，也供奉着尼瓦尔工匠制作的金属佛像。拉萨的大昭寺，传说是由赤尊公主带来西藏的尼瓦尔工匠帮助修建的。西藏山南的桑耶寺，就是结合尼泊尔建筑风格的寺院，其下部为藏式收分墙，中部为汉式木结构，屋顶被认为是尼泊尔塔式建筑，因此也被称为"三样殿"，而指导桑耶寺修建的，是来自尼泊尔的两位对藏传佛教具有奠基意义的人物：寂护与莲花生大师。

　　如果我们不首先了解尼瓦尔人，也许就无从了解尼泊尔建筑艺术的全貌。尼瓦尔人是尼泊尔具有古老文化和悠久历史的民族，也是以艺术和经商才能著称的民族。他们世世代代几乎全部定居在加德满都谷地，性格稍显保守与谨慎，很少离开自己的居住地，只是在近两个世纪里，才开始不断向尼泊尔全国各地流动。根据 1991 年尼泊尔政府人口普查数据，尼泊尔有尼瓦尔人 1，004，520。①

尼瓦尔人的历史可以追溯到公元前 6 世纪以前，他们是尼泊尔文化、艺术和古代文明的主要创造者。今天矗立在加德满都谷地数以千计的古代宫殿与神庙，都印证着这个民族的创造才能。尼瓦尔人的建筑技巧和其中的雕刻、金属铸造以及绘画艺术，在公元 13 世纪之前便达到了很高水平。在西方世界对这个隐蔽于雪山之中的小国一无所知时，与尼泊尔一山之隔的西藏早已与其保持了上千年的交往，连相距万里之遥的中国皇帝，也青睐于尼瓦尔人的精湛手艺。元朝忽必烈皇帝时，经国师八思巴举荐，尼瓦尔人阿尼哥率一班匠人到元大都为皇帝修建寺庙。他在中国为宫廷工作 40 余年，官至光禄大夫，死后葬于中国，一直被作为中国与尼泊尔世代友好的象征。

妙应寺阿尼哥像

---

① 王宏纬主编：《列国志——尼泊尔》，社会科学文献出版社，2004 年版，第 51 页。

1. 双信仰体系

从对尼泊尔历史的简单回顾中我们知道，在公元 8 世纪以后，由于印度教的强大影响，原本为佛教信徒的尼瓦尔人中有很多人改信了印度教。因此，尼瓦尔社会中存在两种宗教信仰，而且两种信仰相互融合的程度也非常深，各自的宗教祭司有时还可以相互主持宗教仪式。在尼泊尔的许多寺院中，既供奉印度教神祇，也有佛教神灵。这种宗教的融合对藏传佛教的造像艺术也产生过非常大的影响，在西藏的很多寺院，特别是分布于尼藏贸易路线的寺院中，印度教神祇如湿婆、象头神和护法神的形象也时有出现。

由于马拉王朝的贾亚斯提·马拉国王开始将印度教以及印度教种姓制度制度化，在尼瓦尔社会两种宗教信仰同时存在的情况下，两种教徒中也就存在相互交叉社会中也就形成了不尽相同的种姓制度。

我们知道，古代印度社会的种姓分为婆罗门、刹帝利、吠舍和首陀罗四种。在尼瓦尔的印度教社会中，则分为婆罗门、什雷斯塔、洁亚普与纳乌。其中婆罗门是祭司、什雷斯塔为商人、洁亚普为农民、纳乌为理发匠，而没有刹帝利种姓的国王或将军。

在尼瓦尔佛教徒种姓制度中，最高级别是"古巴珠"，即僧侣，他们的地位相当于婆罗门，常常为佛教徒作家庭祭司，但是他们的日常职业多为泥瓦匠、木匠、雕刻匠、画匠、金银匠以及铜匠；第二个种姓是"巴雷"，意思是"可尊敬的人"，其先祖可能是王族。据说佛祖涅槃之后，释迦族因遭到异族入侵而灭国，一部分释迦族人逃到谷地，其后代便是"巴雷"。"巴雷"多居住寺院，但是他们都有家室。"巴雷"也多是手工艺人，制作与宗教有关的手工艺品，如佛像与祭器等。在修造房屋与寺庙方面，"巴雷"也有很深的造诣；尼瓦尔人中人数最多的是"洁亚普"种姓，据说"洁亚普"是谷地最古老的居民，是最纯正的尼瓦尔人，他们的职业多为农民。"什雷斯塔"和"乌赖"为商人，其地位相当于吠舍。

从以上种姓与职业的关系中，我们似乎可以看到，尼瓦尔人在宗教建筑与艺术上达到极高水平的思想根源与社会基础。

2. 民间社团——"古蒂"

"古蒂"（Guthi）是尼瓦尔人特有的民间社团，在尼瓦尔人的社会生活中占有重要地位，几乎所有人都属于这样或者那样的"古蒂"。"古蒂"的组织形式分为三类：第一类是为宗教目的而建立的；第二类是为某种公益事业或实行互助而建立的；第三类是为娱乐性目的而建立的。第一类"古蒂"主要为祭祀族神而建立，其成员大都属于同一血统。这种"古蒂"成员相互称同胞，他们必须参加本社团的定期聚会、敬神、祭祀和宴请等活动，平时也要相互帮助，但同胞之间不能婚配。姑娘出嫁之后，也必须退出该社团。有些寺庙为了维持其祭祀礼仪的规模与持久，也成立自己的"古蒂"组织；第二类"古蒂"专门从事维修寺庙、修建道路桥梁和客栈，以及为族人举办火葬等事宜。这类"古蒂"成员可以来自不同的种姓和家族，但多半居住在同一个社区，不一定属于同一血统。第三类"古蒂"是根据人们的共同爱好和兴趣分门别类组织的。参加这类"古蒂"的人也不要求同一血统和亲缘关系，而是出于自愿，不像是前两种"古蒂"那样带有强迫性和世袭性。

"古蒂"的主要财产一般是土地，最初是某个大户，或者几个大户出于宗教目的和为自己积攒功德而捐献出来的。"古蒂"的土地由专人管理，通常出租给佃农耕种，用收取的租金定期向神灵献祭，并且每年在一定的宗教节日里安排"古蒂"成员聚会。在尼瓦尔社会中，几乎每个家庭都参加一个宗教性的"古蒂"，其中以农民在这方面最为积极。这一点倒是很好理解，因为靠天吃饭的农民是最需要神灵护佑的。

从以上"古蒂"社团的类型与人员组成，我们大概可以看出谷地各种宗教建筑发达的物质基础与功利目的。

尼瓦尔铜匠

3. 建筑奇才——阿尼哥

从唐朝开始，宗教建筑艺术就是中尼文化交流的重要领域。公元 6 世纪时，松赞干布的尼泊尔王妃赤尊公主入藏时，有个少尼瓦尔建筑匠人、雕塑匠人随同前来。赤尊公主为西藏带来了一尊释迦牟尼 8 岁等身像，便在拉萨选址并主持修建了西藏第一座佛教寺院——拉萨大昭寺，以供奉释迦牟尼塑像。虽然传说佛殿是松赞干布幻化为天神，在一夜之间修建的，但根据研究，大昭寺中的四方厌胜殿、采日慧灯殿和其他神殿，都出自尼泊尔工匠之手。尼泊尔工匠仿照松赞干布形象塑造的观音像，至今依然保存在大昭寺的北殿内。赤尊公主带来的释迦牟尼佛像，现在供奉在拉萨小昭寺内。

赤尊公主带来的佛祖入岁等身像

我们不止一次提的中尼两国建筑艺术交流的代表人物阿尼哥，是来自于帕坦的尼瓦尔人。阿尼哥于公元 1243 年生于加德满都谷地，据说是释迦族后裔，属于"巴雷"种姓，尼泊尔人称之巴勒布·阿尼哥。《雪楼集》中记载："（阿尼哥）入学诵习梵书，未久已通，兼善其字，尊宿以为弗及。……尺寸经者，艺术也，一闻读之，即默识之。……所以未及成年，即精通"绘、嗦、铸、镂"各种工艺，并善造佛塔和寺庙。"[1] 公元 1260 年，元世祖忽必烈命总管西藏事务的国师八思巴在西藏建造了一座金色佛塔。考虑到尼泊尔在建筑和工艺方面人才荟萃，忽必烈便向尼方"发诏徵之"。尼泊尔国王贾亚比姆·蒂

---

[1]　程钜夫：《雪楼集》，卷七，《凉国惠敏公神道碑》，上海辞书出版社 2005 年版。

瓦·马拉（Jayabhim Dev Mallard）"搜罗得80人，令自推一人为行长，众莫敢当。有少年独出当之。"① 当时阿尼哥年仅17岁，国王看他年纪太小，他的回答却是："身幼心不幼也。"史料记载，八思巴见到阿尼哥后心中也觉惊异，便让他督造佛塔。第二年佛塔便告竣工。八思巴奇其才，又便带他到了京都，觐见元世祖。

阿尼哥在中国40余年，"最其平生所成，凡塔三、大寺九、祠祀二、道宫一；若内外朝之文物，礼殿之神位，官宇之仪器、组织、熔范、搏埴、丹粉之繁缛这，不与焉。"② 上文我们已经说过，阿尼哥在建筑方面的成就最为突出，仅在北京就修建了护国仁王寺、乾元寺、圣寿万安寺、城南寺、兴教寺等9座寺院，但是这些寺院经过历代翻修改建，已经很难看出阿尼哥设计的原样。只是他于1279年修建的北京妙应寺白塔、1319年建成的五台山塔院寺白塔，依然矗立原处。

阿尼哥在中国期间还绘制和塑造了许多佛像，其中还有道教和儒家先哲以及帝王像。据说经他修补、装饰以及绘塑的各种人物肖像多达181尊，对以后的中国佛像塑造艺术有极大影响。中国佛教艺术史上向来有所谓汉梵两种佛像塑造样式，所谓的"汉式"，其实指始于唐代的印度风格塑像，而"梵式"，则指由阿尼哥带来的尼泊尔风格塑像。有元以降，"梵式"风格造像不仅在西藏，也在内地占有绝对优势。

阿尼哥的贡献当然也不局限在建筑与雕塑艺术上，据说他还将在元朝宫廷里保存多时，由宋朝留下的针灸铜人修复完好，使之可以流传至今。

由于阿尼哥在建筑以及绘塑、铸镂等各种工艺方面的卓越成就，在公元1278年，元朝宫廷授予他"光禄大夫、大司徒兼领匠做院，印秩皆视丞相"。阿尼哥于公元1306年辞世，享年63岁。公元1311年，皇帝"加赠公开府仪同三司，太师、凉国公、上柱国，赐谥敏慧至是又蒙恩建碑焉。"③

二、尼瓦尔住宅特征

千百年来，尼瓦尔人的生活方式始终没有太大的改变，他们的住宅建筑样式和建造方式也就原汁原味地保留到了现在。尼瓦尔人传统观念较重，不论迁居到哪里，都喜欢与本族聚居一起。即使身处异乡，在不同民族的包围之中，

---

① 程钜夫：《雪楼集》，卷七，《凉国惠敏公神道碑》，上海辞书出版社2005年版。
② 同上。
③ 同上。

也依然努力保持其生活方式与文化传统，因此很容易就可以从建筑形式上辨别尼瓦尔人的社区。不论是城镇还是乡村，尼瓦尔人的住宅都密集排列，居民一

帕坦尼瓦尔传统住宅

尼瓦尔新式住宅

般都居住在围合一个正方形庭院的多层楼房中。佛教徒住宅的庭院称为"毗哈尔",庭院中央有时建一个神龛,在一侧的一排房子的中间位置,可能还建有一座佛殿。这样特别的布局形式可能是模仿佛教寺院,也可能本身就是由佛教寺院改建而成。印度教徒住宅的庭院被称为"乔克",虽然与"毗哈尔勒"的结构相仿,但是庭院中一般没有神龛或者塔。无论属于哪一种信仰,每一个庭院中的住户一般都属于同一血统,但是可能不属于同一种姓,有着不同的社会地位。

在加德满都谷地,你会看到居民区多建在山顶或者顺着山坡修建,独立于山间平地修建的民居也都是又细又高,这种设计的普遍特点是房间垂直分布,房屋的面积不由基地的大小决定。也许出于安全考虑与尽可能少占用可以灌溉的耕地的理念,使得尼瓦尔人的房屋垂直向上发展。一般说来,城市中的住宅多为三层,四层的住宅则多见于城镇的核心位置,两层的楼房多分布于城镇的边缘,为种姓较低的贫苦居民的住宅。由于尼瓦尔住宅对房屋的进深规定了比较统一的模数制度,使得在已有房屋边上加建房屋成为可能,并能够保证沿街建筑立面的统一。一般来讲,住宅的加建部分会与原有建筑同高,进深也由原有的主要建筑限定,也许是6米,也许只有3米。

1. 住宅平面

尼瓦尔住宅的基本特点是长方形平面,进深大约6米,面阔是由建筑材料的尺寸与基地的可用度来决定的。一般4到8米是标准模数,但是多数房屋的面阔可能为1.5米到15米。房间6米的进深意味着房屋中间可以建一道分隔墙,将每一层楼面分成前后两间房间。这样的分隔墙在顶层用柱子替代。不论面积大小,尼瓦尔住宅中都有分隔墙。

谷地的尼瓦尔住宅通常是一个家庭或者一个家族围绕着一个方形庭院修建住宅,以便聚族而居。与宫殿建筑一样,民居房间的门、窗也多朝向庭院,以保证家庭的安全以及私密性,但至少留有一个房间作为通往街道的出入口。庭院入口设在底层,进入时需要穿过一个门厅。住宅中的楼梯通常被安排在庭院的四个角落里,可以连接独立的房间。

因为房间的大小、位置以及取暖系统对房屋的使用功能有一定的限制,庭院就成为了建筑中最具活力的组成部分。这里既是孩子们玩耍的地方、也是主妇们洗衣服的地方、还是磨面以及在冬季享受温暖阳光的地方。总而言之,尼瓦尔住宅的庭院所承担的功能很多,几乎可以满足人们日常需要的一切活动。

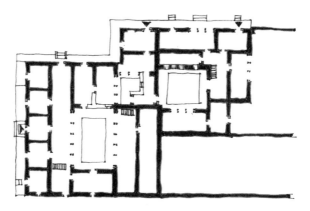

帕坦某尼瓦尔住宅首层平面

帕坦某尼瓦尔住宅立面

帕坦某尼瓦尔住宅剖面

事实上，在加德满都谷地，住宅通常与佛教精舍、寺院建筑并肩而立，去到这些地方也许要穿过一个低矮、可以关闭的单扇小门，也就是说，需要穿过他人住宅的庭院。因此，在加德满都谷地的某些城镇中有这样的规定，就是允许他人从自家的庭院中间穿过。就连王宫庭院，也同样允许百姓在必要时穿过。

尼瓦尔住宅庭院

2. 住宅立面

典型的尼瓦尔住宅立面形式统一，城镇和乡村的房屋并没有什么不同，一般都是三层，斜坡屋顶，建筑材料是红砖和木材。谷地并没有典型的乡村建筑，只不过农村居民是将饲养的家畜如山羊或者水牛放在底层圈养，而城镇民居则是将底层作为商店或者手工作坊，以双柱作为标志罢了。市民与农民都是将粮食储存在顶层，将顶层作为厨房和餐厅。

在谷地的尼瓦尔居民区，房屋都是紧贴着狭窄的街道修建的，几乎都是漂亮的红砖住宅，房屋质量的不同在很大程度上表现在木窗框上，有些窗户装饰着精雕细刻的图案，有些则平淡无奇，就是简单的直棱窗。因为所有的房屋都遵循着同样的平面布局，平面与高度就形成一定的比例关系，沿街的外立面显得非常统一并且不断开。因此，当你站在成排的房屋之前，很难判断建筑是从哪里开始，到哪里结束的，因为面临街道的建筑立面是连续不断的。

与宫殿建筑一样，尼瓦尔住宅的立面也保持对称，尽量以中间的主要窗户或者门的中心为轴线，中央的窗户旁边安置两个稍小的窗户，用窗户或者门的尺寸变化以及中央窗户上更加精美的雕刻以强调其轴线作用。

在底层没有用做商店或者作坊的民居中，整个底层立面上仅开一个低矮的小门，门两边开有一到两个小窗户。即使底层立面不对称的话，二层以上也会进行独立的对称设计。

加德满都尼瓦尔住宅

尼瓦尔民居大门的上下通常会插入两块巨大的厚木板来维护安全，门两边的窗户则用细条纹的木窗棂封闭，几乎等同于盲窗，少数窗户则用沉重的百叶窗封闭。

除了低矮的小门之外，住宅与外面街道最主要的联系是通过主客厅里的窗户。这种窗户的窗台下通常设有一个长条凳，类似我们说的美人靠。窗户的窗棂是可以开关的。即使是贫苦人家的起居室窗户，也是房屋中最显眼的部分。

从前，典型的尼瓦尔住宅窗户是扁平的，中间有正方形的窗棂可以开启和闭合。大约在200年以前，窗户的设计开始有所改变，变成了更为竖向的线条，但是中间的窗棂部分还是保留了以前的风格。窗户改变的结果，是那些从前繁复的窗户简化成为了一排简单的窗户，只有中间的大窗户被保留了下来。虽然其装饰性有所降低，但是其位置还是在原来的地方。原本中间的大窗是占满整个楼层的，大约是60厘米宽。现在我们所看到的，已经是从前的窗棂被金属的竖向窗洞所取代。

尼瓦尔住宅窗户

在一般的三层楼房中,顶层是直接置于屋顶下的阁楼,用作厨房和餐厅;在四层楼房中,二层和三层是居住区域,烧饭和吃放的地方在上层的阁楼中。在房屋的外立面上,三层和四层的屋顶由裙边屋顶分开,下面就是最重要的大主窗。主窗在三层立面中间的位置上,是固定的。即使楼层不同,也要尽量保持房屋外立面的连续性与统一性。比如,一幢四层的住宅会在三层做一个窄裙边屋顶，使檐口与邻近的三层房屋在同一平面，到顶层再做一个大屋顶。

尼瓦尔住宅的屋顶

3. 功能划分

我们已经说过，尼瓦尔人的房屋是垂直向上发展的，住宅里的房间也是垂直分布的。这样的话，房间的大小其实没有太大的关系，相关的是家庭的大小以及种姓等级等因素。尽管房屋大小以及外墙的装饰程度有所不同，住宅的空间利用原则在所有的社会群体中都是一致的。

中心隔墙将底层一分为二，形成两个狭小的房间，前面部分通常是商店或者作坊的门脸，后面的房间是储藏室或者是工作间，门开向庭院。有时候用双排柱替代中间的墙，使整个底层房间朝向街道。

底层不管是作为店铺还是仓库，只有非常小的窗户可以通风和采光，外墙上的门只能通往庭院或者街道，独立的廊子通向那些底层为商店或者作坊的庭院。连接楼面的楼梯非常狭窄而陡峭，像简易的木梯子，设置在每一幢房子靠着一边的墙上，供上下楼使用。每一层楼面上，都有用两片厚木板构成的小门来关闭楼梯间，以保证私密性与安全。

从前，尼瓦尔住宅的底层是不用来住人的，因为底层太潮湿，并不适合居住。地面也是铺砖的，或者用一层土铺设，只有店铺采用木地板。

房屋中真正用于居住的空间是二层或者三层，也就是中间层。根据房屋的大小，由中心墙分割出两个狭窄的房间，也有用砖或者轻巧的木板隔出睡觉的地方，通常这样的隔断是为已婚，但是仍与父母居住在一起的儿子设置的。父母与年纪小的孩子睡在一起，他们睡在垫子或者是席子上，每天晚上铺展开。卧室里最重要的家具是一口大木箱，里面放的是给姑娘准备的嫁妆。卧室的窗户很小，有棂条用来遮挡。

在三层民居中，如果有访客来的时候，通常会被带到三楼，那里有草垫子供人坐。如果这家人有手摇的纺织机，也放置在这层靠近窗户的地方，以多争取些光线。这一层还用于收藏收获的稻谷，也放在草编的垫子上。这一层还是家庭活动以及起居的场所，通常下层砌中心墙的位置上是一排双柱，辟房间为一个低矮的厅。窗户开在前后墙上，主窗比较大，在夏天可以争取到足够的光线，这里也就成为家庭活动的理想场所。很多居民还用这个地方作为烧饭的地方，沿着侧墙放置火塘，可以不用烟囱。

有时候三层住宅之上还有一个阁楼，这其实是房屋的附加部分。除了作为家庭的大起居室，也有人将其分隔成几个小房间作为客房，或者将厨房和家庭神龛都布置在阁楼空间里。出于宗教信仰，家庭的厨房和放置神龛的地方是不允许外人以及低种姓的人进入的。在这个空间里，会特别设计一个老虎窗用来采光与通风。

四层的住宅与三层住宅功能划分基本一样，同样是底层用作店铺和作坊，二层和三层作为卧室，顶层作为厨房与起居室。这个地方还用来准备专门在宗教祭祀时用的食物——煮熟的米饭。煮饭的配方以及如何制作是根据不同种姓决定的。对于盛放米饭的容器以及什么人才可以触碰祭祀食物，也有严格的规定。在尼泊尔，只有同一种姓，或者是同一家族的人才能够在一起吃饭。在房屋的最上层的阁楼上，也设有一个专门用来敬神的房间。

一般来说，只有城镇住宅才可能建有第四层，因为住房空间很小，上层承担的功能最多，不但用作厨房，很多家居物品，包括锅子与盘子、鸟笼、盛粮食、放辣椒、土豆等蔬菜的篮子以及花盆，都可以从顶层的窗户吊到屋外，或者挂在伸出的屋顶挑檐下面。

尼瓦尔住宅没有专门设计烟囱，烧火时散发的烟气就从顶层的一个用特殊的圆形瓦片覆盖的开口里散出去，这个圆形瓦还可以防止雨水流进来。如果我们从城市的高处俯瞰下面的民居，就可以看见很多曲形瓦片分布于坡屋顶之上。

尼瓦尔住宅屋顶的通风口

很多尼瓦尔住宅在顶层还建有开放的露台，上面摆放鲜花，妇女也在那里做些家务，哄孩子、或者晒太阳。在谷地，有母亲和新生的小孩子晒太阳的习惯，这一点与藏族的习惯相同。

与尼瓦尔住宅立面的精心装饰相反，尼瓦尔住宅的内部装修与家具陈设非常简单。除了粘土与砖砌的炉子，最主要的家具是全能的草垫子，这些草垫子白天的时候用作地毯，晚上的时候用作床铺，真正的地毯则用来装饰地面，通常只是在特殊的场合才使用地毯。早晨收拾床铺的时候，只需要将草垫子与棉毯卷起来收藏就可以了。衣服以及值钱的物品收藏在壁柜以及木箱当中。

在火塘的周围，排列大小不一的陶土碗，里面储存着木炭。各种形式的陶土或者金属的油灯立在壁龛里，用于夜晚照明。大米与各种粮食都被储存在陶土锅或者木箱里，土豆和蔬菜则放在竹篮里。陶土罐或者是铜水罐用来盛水，现在多用塑料水桶。即使在城里，依然有人用木柴烧火做饭，木头是雇工从山上运来的，农村的穷人还在用牛粪烧饭和取暖。

尼瓦尔住宅中几乎没有上下水设施，饮用水以及洗涤用水都要到私人或者公共水池打水。在城镇的每个街区，都有水池或者水口供居民取水与洗涤之用。

尼瓦尔社区公共水池

福舍边的公共水管

从前的人们认为厕所是很不洁的所在，因此家中通常不设置厕所，小孩子可以在公共场所或者空地就地解决，成人则到外面的公共厕所，这些公共厕所都设在墙后面的狭窄巷道的犄角旮旯儿。在每个城区或者是大的居民区边沿，都可以看到公共厕所。在河边以及溪水边，男人和小孩子也可以在这里方便。在加德满都，随着供水系统的改善，现在私人已经开始在房屋的底层安装厕所与卫生设施。

4. 建筑规范

从建筑质量上看，尼瓦尔住宅与王宫建筑的主要区别在于建筑材料的质量以及人工的精细程度上。普通民居所使用的砖多半是粗糙的红砖，但也可能是为专门目的精心烧制的红砖，有些则是釉面砖。民居与宫殿建筑的另一个区别就在于房屋的装饰与雕刻上，这一点突出表现在房屋二层或者三层面临街道的客厅门与窗户的雕刻图案与材料选择上。

从现有资料与研究成果看，有关尼泊尔建筑历史的资料非常稀少，相比于某些著名的宗教建筑历史与年代有碑铭记录可循，不同于宫殿建筑为皇家倾力建造，民居建筑的历史资料少之又少，而且民居本身也疏于维护，改建和破损

尼瓦尔住宅的排窗

非常严重。18世纪时，有一个名叫朱塞佩的意大利神甫曾经到尼泊尔传教，他对尼瓦尔民居的描述，也许是迄今为止最早的关于尼瓦尔住宅的描述：

"房屋是用砖建筑的，有三或四层高，房间内部不高，门和窗户是木制的，做工很好，并且整齐的排列着。"①

从谷地神庙、寺院、王宫建筑风格自马拉王朝时代到19世纪一直没有大的变化这一事实，我们也许可以推测，尼瓦尔住宅的建筑特征也应该没有什么太大的改变。

至于尼瓦尔人维持民居建筑风格不变的原因，有研究者认为，其中主要的原因是古代有关建筑的书籍中对房屋建筑之前、之中以及房屋的基本结构与平面、立面等方面都有所规定，并与建筑房屋要进行一定的宗教仪式有关。

至于房屋的质量与建筑规范，在14世纪的时候，某一位马拉国王就有规定，其目的是便于国家可以得到更多的税收。这项规定直到现在依然有效：

"住宅分成三类：不允许卡萨人、菩提亚人以及库路人在屋顶铺瓦；'加里'等级的人只能在巷道里修建住宅；'加里比塔'可以在街道上修建住宅；'沙哈'可以在城镇中心修建住宅。评估房屋的价值，是看它占用了多少土地。一级住宅占地为周长85库比特（1腕尺，约等于45厘米），二级为95库比特，三级为101库比特。"②

尼瓦尔人建房

---

① Wolfgang Korn, *The traditonal architecture of the Kathmandu Valley*, Ratna Pustak Bhabdar, Nepal, 2007, P39.

② Fran P. Hosken, *The Kathmandu Valley Towns*. Weatherhill, 1974, P78.

与亚洲很多民族一样，尼瓦尔住宅的建造过程也涉及很多庆典仪式。这些仪式的意义都在于期望得到神的祝福与保佑。在印度，对于四个主要种姓的印度教徒修建住房的仪式，国王也有特别规定：如果房主是婆罗门或者刹帝利的话，建房前的仪式由婆罗门主持；如果房屋的主人是吠舍和首陀罗，则由达维亚主持。这个规定同样适用尼瓦尔住宅。

5. 建筑材料

尼瓦尔住宅几乎都是红砖房，多数外墙砖经过烧结，烧砖所用的粘土直接从田地里取得。由于地处热带季风性气候带，夏季的季风雨对墙体会有严重的侵蚀，这也是谷地稍微有些年头的建筑都显得破败的原因。对质量相对较差的民居建筑而言，岁月的痕迹更加明显。

谷地一幢四层高的楼房会建的像塔一样高，有较宽大的屋檐，还有裙边保护下面的雕花窗户以及墙体少受雨水侵蚀。出挑的屋檐还可以作为雨棚，用来遮蔽街边的人行道。我们要知道，在雨季的时候，谷地天气变化无常，刚才还是烈日当空，转眼就是暴雨倾盆，街道顿时一片汪洋。宽大的屋檐，可以为遭遇季风雨的行人提供遮挡。

尼瓦尔住宅区狭窄的街道

尼瓦尔住宅的屋顶结构十分合理，是由精心制作的木托梁以及框架上面覆盖瓦片构成，瓦片重叠交错，使得雨水不能渗漏。地面则是用夯实的泥土与灰泥铺设在窄木板上，上面还要用另一层灰泥与红土制成的涂料刷一层，作为净化仪式。

多数的尼瓦尔住宅都会建三道平行的承重墙，中间的那道墙是房屋的脊柱，因此修的非常厚，大概有超过 30 厘米厚，目的是预防地震的破坏。房屋的地基也比较深，外墙连接处的砖为楔形，便于粘接，釉面砖通常贴在外墙上。

与宫殿建筑一样，尼瓦尔住宅的窗户也是显示建造房屋的工匠们精湛工艺以及手艺人想象力的窗口。住宅下层卧室的窗户通常比较小，并且用屏门遮挡起来以保持卧室的私密性。屏门通常是用木头制成的，可以折叠到天花板上。现在有些尼瓦尔住宅已经使用窗帘和玻璃遮挡窗户的开口。住宅上层客厅的窗户则极尽装饰之能是，用各种抽象的图案与动物图案雕刻装饰。主要的装饰动物有孔雀以及其他鸟类，还有蛇神等具有特殊宗教意义的动物。我们通常在宫殿建筑上所见的三联窗，也一样出现在住宅建筑上，木制的窗框是镶嵌在两边的墙体上的。有的时候，窗户面积非常之大，可以占整个一面墙。阳台也一样向外稍微倾斜，窗台下放置一张条凳，供人凭栏俯视街道。

在巴德岗和叁库，因为在古代地处与西藏的贸易节点上，这里的居民曾经非常富裕，也就有非常多样式不同，精美绝伦的窗框雕刻。有些雕刻隐藏于背街小巷，很多不为人知，有些窗户则只面对着自家的庭院，因此还保存非常完整。那些暴露在街面上的窗户，则多显露破败的迹象。不但雕刻已经破损，连墙体也都剥落了，如果不及时修复，恐怕在若干年之后就不复存在了。

三、印度教祭司住宅（Math）

印度教祭司住宅"玛塔"是尼泊尔特有的宗教建筑与民居合二为一的建筑类型，其功能与佛教精舍类似，我们却很难将其归于宗教建筑或者住宅建筑。在中世纪的印度，玛塔是古代哲学的教学与学术中心，也是古代手卷的研究中心。但是在加德满都谷地，祭司住宅的设计、选址与朝向，甚至是内部的平面布局，与典型的民居是一致的。

印度教祭司住宅

1. "玛塔"发展史

尼泊尔学者们通常认为,佛教在印度的衰落源于佛教各教派之间的不合,而佛教衰落的结果则造就了印度教的逐渐复兴,使得婆罗门又得以重建和提升他们的社会地位以及在人民中的影响力。在加德满都谷地,到了公元8世纪时,由于印度教大师商羯罗弘扬印度教的非常手段以及统治者的大力推崇,谷地城镇不但大肆兴建神庙,印度教中心还修建了为前来朝圣的信众提供庇护与服务的福舍。这些福舍在相当短的时间内,就成为了印度教的学术中心,而不仅是学者们与修行者的聚会场所。

但是,尼泊尔开始修建祭司住宅玛塔的具体时间并不为人所知。从现存的玛塔平面来看,玛塔的修建年代不会早于14世纪中叶,因为在这个时候,贾亚什塔·马拉国王进行了彻底的社会改革,将印度的种姓制度引入了尼泊尔社会。也有研究者认为,现在加德满都谷地的玛塔大都是16世纪到18世纪期间修建的,因为这个时期内,印度教被马拉王朝定为了国教。

也许我们通过谷地城镇中印度教祭司住宅玛塔与佛教精舍数量的对比,可以看到佛教在加德满都谷地曾经的繁荣。但是很显然,数量与影响力并不能成正比。经过学者考察,谷地总共只有大小玛塔共30个,佛教精舍的数量却有300个。在巴德岗,依然有12个主要玛塔以及分支玛塔,佛教精舍为22个;

在帕坦，有 5 个玛塔，167 个精舍；加德满都似乎有一个玛塔，却有 120 个精舍。但目前并没有得到确切的证实。虽然在巴德岗精舍的数目超过了玛塔的数目，但是巴德岗的精舍比起其他两座城市，已经是少了很多。

我们也许会想当然地认为，随着印度教的普及和国王的推崇，玛塔的影响力会日益增长，其机构数量自然有所增加。但实际上，在普通人的生活中，玛塔仅起微不足道的作用，这可能与印度教祭司所承担的宗教职能有很大关系。因为印度教信徒的崇拜是非常个人的行为，祭司在宗教仪式中，并不是活动的领导者。

2. "玛塔"建筑特征

较大的祭司住宅也是由几个小型住宅单位组成的，以一个庭院为中心。祭司住宅并没有严格的朝向规定，通常为一幢三层建筑。对于神堂的位置，并没有规定的位置。如果空间够大，玛塔中间还带有一个承重墙，立面也与民居建筑相同。

祭司住宅的底层通常用作牲口棚、商店或者仆人的住房，上层是存放粮食、客房、议事厅或者是卧室。厨房或者位于顶层，或者放在阁楼间。玛塔立面是对称布局的，主要的门位于底层中心，起居室里较大的窗户在三层的中间位置。

玛塔通常与沿街住宅是连接起来的，或者可以俯瞰一个开敞的空地或广场。事实上，因为与民居建筑没有什么区别，只有通过其高级的木雕以及较为夸张的装饰，才能够区别玛塔与普通百姓的住房。

祭司住宅窗户

我们在上文中说过，佛教精舍通常只有一个庭院，宫殿是由几个庭院构成的。与精舍和宫殿的形制相同，玛塔也许包括好几幢房子，有的玛塔有四幢房子，也有玛塔只有两座建筑。玛塔的大小以及布局可能大不相同，主要根据不同的需求以及祭司的富裕程度决定。玛塔的选址并没有什么特殊要求，但玛塔倾向于相互连接在一起。如果要在玛塔旁边加建新的玛塔，会将旁边的民居推倒，将其搬迁到另外的地点，给新建的玛塔让位。在巴德岗，就有一个三座祭司住宅相连的例子。

　　在玛塔中居住的祭司多半受雇在神庙中供职，根据祭司的富有程度以及影响力，玛塔还可以建立分支机构，与福舍和神庙的管理制度一样。上文已经说过，在加德满都谷地的三座城市中，可以确定的祭司住宅共有 17 座。在谷地周围的村庄中，也有差不多的这个数量的祭司住宅。但这个数目不包括不可计数的分支玛塔，它们的数量应该比主玛塔多。

　　玛塔最集中的地方是巴德岗东部的达塔特里亚神庙附近，那里共有 12 座玛塔，其中 7 座为主玛塔，还有些分支玛塔。

　　玛塔的首领称为玛哈塔，在身处相当于修道院的环境中招收弟子，修行者就在其身边学习。这些人多数是为了寻找庇护而暂时在玛塔学习的，还有些人是从印度前来朝圣的。玛哈塔不仅是玛塔里最受人尊敬的圣人，在社会上也有崇高的地位，就连首相在玛哈塔面前也要鞠躬致意。玛哈塔去世之前，通常会在住玛塔的学者中间指定一个人，作为其继承者。

　　在现今社会，祭司在尼泊尔社会生活中所据的位置已经没有从前那样显赫，很多玛塔也因为年久失修而无法住人，失去了其宗教意义，成为普通民居。

　　3. 玛塔实例

　　普加哈里（Pujiahari）是谷地最大的玛塔，也是所有玛塔中最重要的一座。该玛塔位于巴德岗，与达塔特亚神庙的起源有重要联系，使得该玛塔的重要性大大提升。该玛塔的重要性还表现在其创始玛哈塔拥有特殊的宗教头衔，权利非常之大。

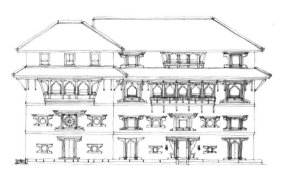

普加哈里玛塔立面

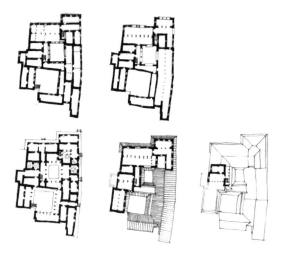

普加哈里玛塔平面

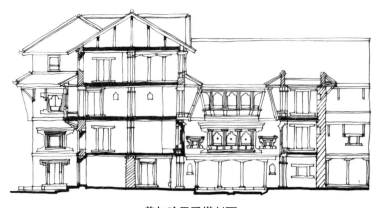

普加哈里玛塔剖面

1）玛塔的历史

据说该玛塔是由一个曾经在印度求学的僧侣修建的。该僧侣曾经到西藏朝圣，回来时带回了大笔的钱财与黄金，便投入于神庙的修建。后来他在一棵树下休息的时候圆寂了，而这棵树就在一个池塘中间的小岛上，他的弟子们便将此地作为了神殿的选址。后来一位巴德岗的马拉国王对该神庙进行了扩建。与此同时，还修建了一座玛塔，用于每年为期12天的节庆活动与公众献祭仪式。

在春季湿婆节的时候，成千上万的印度教徒会首先到兽主庙参拜，然后到达塔特亚神庙朝圣。在这个时候，玛塔会给男性朝圣者提供住处，但不允许女性在玛塔里过夜。在中世纪的时候，该玛塔就是印度教的学术与求学中心，研修内容包括印度草药与医术以及藏医和藏药。由于该玛塔声望极高以及学术吸引力很大，该玛塔相对来说比较富有。除了有大量的地租收入，玛塔还有大量的布施收入。仅每年从西藏得到的布施就有2图拉黄金，1图拉白银，一匹马、一幅地毯、365克干果以及216卢比。[①] 除了每年固定的150卢比税收之外，玛哈塔从前还可以自行管理玛塔的财产，随心所欲地支出玛塔的收入，供个人使用或者用于宗教目的，如宗教节庆、购买食物以及为朝圣者提供食宿等。玛哈塔也用布施支付分支玛塔的开销，或者兴建神庙与福舍等。

在毗湿瓦·马拉国王（1547~1560）主政时期，进行了深入的宗教改革，他要求神庙建筑都要恢复到原来的形制，该玛塔在达塔特亚神庙边上进行重建。在该玛塔较为辉煌的时期，要管理8个分支玛塔，至少4个福舍以及分布在谷地的29座小神庙。

20世纪初，国王允许在玛塔居住的祭司结婚，祭司们的生活从此迅速发生了改变，玛塔变得更加世俗化，财产也逐渐流失，玛塔的荣耀一去不返，建筑也几乎完全倒塌。1973年，政府机构对建筑物进行了最后的抢救，才使得它免于彻底毁灭。

现在，玛哈塔祭司搬进了加德满都现代化的住宅，但依然保留着玛哈塔的名头以及与此相关的特权。目前，这里是巴德岗城市开发规划办公室所在地。

2）玛塔的现状

正如我们上文提到的那样，玛塔通常由几个小型建筑围合几个庭院而成，普加哈里玛塔就是由四个小建筑围合三个庭院组成的。

---

① "图拉"，古代尼泊尔重量单位，1图拉相当于12克。

庭院——小庭院 A 在建筑的东北角，是该建筑中最古老的部分，因为多次的重建与改建，现在已经面目全非。在最近的一次改建中，通往上层的楼梯被去掉了，石头水井也封闭了。因此，庭院也就失去了其建筑艺术价值。

庭院 B 是该玛塔的中心，大概是 18 世纪初期修建的，是庭院中最具有功能性的部分，也最具美感。这里窗户的木雕以及柱子的雕饰在谷地的同类建筑中，手工都是最上乘的。

庭院 C 是玛塔中最大的，是一个居家型的庭院，应该是最近才修建的，非常朴素。1973 年的时候，庭院进行过翻修。柱廊被用作牲口棚，里面饲养着宗教祭祀仪式使用的牛。该庭院的突出特点是有一条走廊可以通往东边的一条小巷子，在玛塔里去世的人，就是通过这里被运到河边火化的。

建筑北侧的西边是玛塔装饰精美的中心门，从这里有一个曲折的狭窄走道，可以通向庭院 B，也可以到达玛塔建筑的任何地方。

门廊也可以通往庭院 A 与 C，在这里还有狭窄的楼梯可以通向上层。开敞的柱廊形成休息空间以及集会空间。这里还有牲口棚、门房以及打谷场。庭院里铺设了平滑的地砖。神堂中铺设的是石条，其他房间则为泥土地面。

人们认为，围廊是神与精灵进出玛塔的地方，因此玛塔的门要留有空隙供神进入。即使门在关闭时，每扇门的两侧也留有两道狭窄的沟槽。这两道沟槽在门的外侧，用繁复的雕刻来装饰。但是，现在也有人认为，既然湿婆神堂上方可以让湿婆神进入，也可以供其他的神进入，门边沟槽也就不在保留了。

玛塔庭院中有民居中少有的水井。该玛塔的献祭供水来自庭院 A 的水井；供饮用以及洗涤用水则取自庭院 C 中的水井。与民居一样，玛塔中也不设厕所。

玛塔建筑的外墙，不论是朝向街道还是朝向庭院，都是用表面非常光滑、打磨光亮，角度很小的楔形砖砌成的，非常精致与精细，内墙则用简朴的普通砖砌筑。

普加哈里庭院中的水井

玛塔建筑不同楼层空间的使用功能与普通民居没有什么不同：底层作为牲口棚、仓库、佣人房以及门房，还有两个湿婆神殿以及两个献祭的房间。因为不允许任何人在神的上方走动，玛塔的神坛与暗室上方的空间是锁着的。

二层和三层由起居室、客房以及卧室组成，也有一些作为储藏室，四楼有一个私人神堂以及厨房。

普加哈里玛塔中最重要，也是最漂亮的房间在北侧的二层，是普里·玛哈塔祭司的起居室与接待室。房间的墙壁与天花板是用木板镶嵌的，地面铺设木地板。从现在还遗存的颜色来看，天花板与墙面曾经被涂饰的非常光亮。

除了这间屋子之外，其他的房间的墙面是用泥、牛粪以及稻草混合糊成，然后粉白。其中的木构件比如窗户、门、梁、门楣以及柱子都不刷漆。

主建筑底层以及二层的中心墙到了三层由双排柱代替，构成一个宽敞但是低矮的大厅。

三层的主房间还是巴德岗 12 个玛塔的首领玛哈塔开会议事的地方，中心大窗下边的长椅上摆放着白色坐垫，象征普里·玛哈塔的权威。

建筑的四层在过去用来烧饭和从事与炊事相关的活动，这部分在 1934 年地震的时候倒塌了，只有几个房间进行了重建。在 1971～1972 年政府翻修的时候，所有的房间都按照从简的风格，照着三楼房间的样式进行了重建。

在接近建筑后端的地方，建有一座神庙建筑的屋顶，这里是玛哈塔崇拜的地方。

附件 6：福舍（Sattal）

尼泊尔有一种在其他文化中很少见的建筑形式，也可以称得上是公益性建筑，这就是城镇和乡村中免费为旅行者提供住宿的公共休息室，也称为"福舍"，尼瓦尔语为"萨佗"。福舍名称不同，形式各异，主要分布在朝圣地的附近，比如神庙或者是神圣的沐浴处等。福舍通常由富裕人士、宗教团体或者家庭捐款，由专门成立的"古蒂"负责福舍的修建与维护，或者隶属于某个玛塔。

福舍

1. 福舍发展史

谷地的福舍可能也来源于印度。在梵文文献中，就有对此类建筑的描述。尼泊尔最早的福舍大概可以追溯到李察维王朝时期，有碑刻铭文记载过福舍的修建过程，但那个时候的建筑并没有保留下来。参考尼泊尔各类建筑形式在历史上基本保持稳定的事实，想必福舍建筑形式也不会有太大的变化。

学者通常认为，建筑在升高的平台之上，四面开敞，带有顶棚的正方形亭子，可能是最古老的福舍原型。加德满都的独木大厦，可能是现存最久的福舍。其上层结构的建造年代，大概可以追溯到 12 世纪。

16 世纪到 18 世纪的时候，已经有文献记载在旧有福舍基础上建新的福舍。碑文中还提到，福舍与附近的水池或者水井有关。在尼泊尔，在捐建供水设施的同时，在其附近修建福舍或者庇护所是十分常见的现象。

但是关于福舍的建筑形制，并没有历史文献的描述。我们只有通过对这些建筑细节的比较来推测，谷地的很多福舍至少有 400～500 年的历史。

2. 福舍类型

1）帕提（pati）

帕提是谷地布最广，体量最小的福舍，但功能与其他福舍是一样的。因为是旅行者的庇护所，它与附近的尼瓦尔社会紧密结合，既是居民的游戏场所，也是社交以及宗教集会的场所。妇女们会在这里洗衣服、晾衣服，也有人将谷物堆在平台上晾晒。

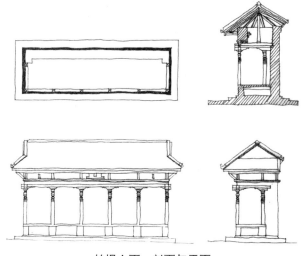

帕提立面、剖面与平面

帕提实际上就是一个带有顶棚的平台，有时独立建造，有时紧临着居民房，或者就靠在某个建筑的墙上。在谷地三座主要城市中，起码有上百个这样的帕提；在谷地的任何一个村庄，也至少建有十来个帕提。但是帕提也不仅限于建在城里或村庄里。在连接村庄的道路旁、岔路口、小路边、甚至水井边、池塘边、溪流与桥梁旁，当然也包括寺庙边上，都可以看到帕提。

所有帕提的平面都是一个长方形的砖砌平台，大概 60 厘米高，上面铺着木板，坐在这样的高度，可以俯瞰眼前的道路、池塘和小河。帕提的前部有一排柱子，侧面的结构也是一样。后面的墙是砖砌的，侧面墙大约为 30 厘米宽，围合后墙。帕提的屋顶一般都是披檐瓦屋顶。房檐的檩条直接搭在后墙上和边墙上，也搭在柱子以及额枋上。有些帕提还有一个阁楼，檩条也可以直接与地板相接。但这样的阁楼通常是屋顶的一部分，不能登临和使用。

在帕提内，后墙上一般会安置神像或者放置油灯的壁龛，有一些休息室中还修建了供奉象头神的神坛。

2）萨佗（satal）

与帕提三面开敞，只有一个顶棚的简陋形式不同，萨佗更适于居住。萨佗的首层平面为长方形或者正方形，不仅为旅行者短暂停留提供庇护，也为那些长时间停留的人提供较为安定的住所。我们分别举例说明：

两层福舍

（1）两层的帕提型萨佗

桑德拉萨佗修建于1700年，捐建者为帕坦国王的亲戚。这是一个两层建筑，以单层的帕提平面为基础。长方形的平台上覆盖木制的地板，构成一层地面。后墙上的一扇小门作为后墙上的唯一开口，通向黑天神的神龛。萨佗的正面和侧面为一排开放的柱子。正立面上有一段是盲墙，大约有半层楼高，其内部是一个死空间，外部看起来则精心设计。在这个半层高的空间之上，建有一个三面延伸的阳台，阳台用铁栅栏围住。这一层有两个门，一个从主要房间通向外面的楼梯，一个通向黑天神神龛之上的阿加迪马神龛。

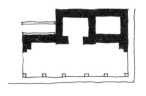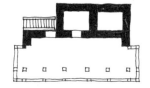

桑德拉萨佗平面、立面剖面

（2）坛城型萨佗

坛城型萨佗是一个正方形平面，为单层或者多层的建筑。与帕提的功能类似，这种建筑也用来作为居民接待客人或者集会的地方。

一般来讲，坛城型萨佗是独立建造的亭子，目的是使人在其周围聚集。这样的萨佗通常建筑在居民区之内，不与其他建筑相连，有充分的独立性。在帕

帕坦的两个坛城福舍

坦王宫北侧，就有一个坛城型萨佗，是城市的"称重房"，即政府制定市场价格的地方；在这个萨佗的北边，是一个叫玛尼坛城的亭子，意思为珠宝亭，是祭司与占星人集会的地方，他们在这里确定每年农历开始节庆活动的日期。在帕坦，国王有时也在这里进行加冕礼，并且在这里与全城的百姓见面。但是现在，谷地城市中的坛城型萨佗全都降级，成为了卖菜的售货亭。

因陀罗萨佗是一个两层建筑，有16根柱子，建在砖和石头砌的基础之上，柱子在砖墙的核心墙中间，砖墙支撑上层屋顶。屋顶就搭在砖墙之上，檐下的廊柱以及从砖墙上伸出的斜撑支撑屋顶。萨佗的上层包括一个开敞的厅，四面都带阳台。有四个中心柱以及12个斜撑顶起屋顶。一年当中的某一天，一尊因陀罗的塑像会被安置在西边阳台下低矮的长凳上，阳台有铁栏杆围护。从萨佗的底层到上层并不是很方便，只有一小口可以到达。

（3）独木大厦

加德满都的独木大厦也称喀什曼达帕，不仅因为体量大，也因为它在建筑形式和结构上独一无二，是整个谷地中现存最古老的萨佗。有学者认为，唐朝使臣王玄策文中所描述的可以容纳万人的大厅，可能就是这种类型。

据说该建筑是用一颗大树的木材修建的，因此被称为独木大厦。该萨佗修建于11～12世纪。从16世纪开始，该建筑被称为玛路萨佗。在16世纪的某些文献中，还将其称为湿婆神庙或者是廓尔喀人的神庙。也有学者认为，这里可能曾经是市政厅或者集会场所。

独木大厦有很多柱子，特别是4根7米高的中心柱，被认为是谷地中现存最古老的木柱。建筑中包含了三个向上叠加的厅堂，底层与第二层的砖墙并不是用来分隔大厅的，而是结构设计的需要。三个大厅都没有分割成房间或者龛窟。与一般的神庙不同，这个建筑有宽大的木楼梯通向二层，还有一架不太坚固的梯子通向三层。

该萨佗的基础是18.7米 * 18.73米，高度为16.30米，用柱子和墙将顶部的荷载传递到基础上。底层的中心有四根大柱子支撑，在第二层中心又有四根柱子。第三层是由20根柱子形成的支撑结构，是一个不同的柱子组合来承担三重檐的重量。三重檐都是由瓦覆盖，砖石刷白色，木头是本色的，没有上漆。

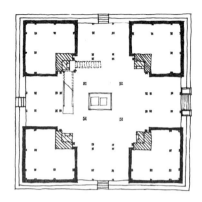

独木大厦平面

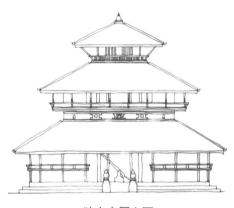

独木大厦立面

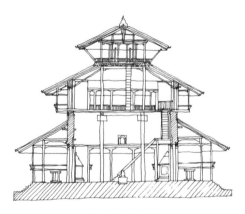

独木大厦剖面

（4）达塔提亚

巴德岗的达塔提亚虽然体量很小，来头却不小，因为里面的小神龛建在一个著名印度教人师圆寂的地点上。神龛被亚兑希业·马拉国土（1428～1482）扩建为福舍。现在这个建筑被称为神庙，是因为这个建筑的前面加建了供奉湿婆、梵天和毗湿奴的神庙。

这个城区其实就是以这个福舍命名的，意思是"大休息室"。在这个地区，分布着5座神庙、几眼水井、池塘以及水池，还有一个被称为森林宫的庭院，形成巴德岗北部的中心。

参考文献

中文

[1] 王宏纬主编：《列国志·尼泊尔》，社会科学文献出版社，北京，2004 年版。

[2] 许光世、蔡晋成：《西藏新志》，自治编辑社，上海，宣统三年（1911 年）。

[3]（唐）玄奘：《大唐西域记》，中华书局，北京，2009 年版。

[4] 王沂暖译：《西藏王统记》，商务出版社，北京，1957 年版。

[5] 吴忠信：《西藏纪要》，《边疆丛书》，1942 年版。

[6] 张建明：《尼泊尔王宫》，军事谊文出版社，北京，2005 年版。

[7] 程钜夫：《雪楼集》，卷七，上海辞书出版社 2005 年版。

[8] 单军等译：【意】马里奥·布萨利，《东方建筑》，中国建筑工业出版社，北京，1999 年。

[9] 胡允恒，邱秋娟：《世界遗产之旅——宗教圣地》，中国旅游出版社，北京，2005 年版。

[10] 曾序勇：《寺庙之城——加德满都》，上海人民出版社，上海，1981 年版。

[11] 王璐：《走出雪域——藏传佛教胜迹录》，青海人民出版社，西宁，2007 年版。

外文

[12] Fran. P. Hosken, *The kathmandu Valley Towns*, Weatherhill, 1974.

[13] Wolfgang Korn, *The traditonal architecture of the Kathmandu Valley*, Ratna Pustak Bhabdar, Nepal, 2007.

[14] Purusottam Dangol, *Elements of Nepalese Temple Architecture*, Adroit, Nepal, 2007.

[15] Ronald M. Bernier, *Himalayan architecture*, *Madison*: Fairleigh Dickinson University Press; London , 1997.